建筑绘图与设计进阶教程

[美国]麦克·W. 林　编著

张慧婷　张慧娜　译

江苏凤凰美术出版社

Title:Drawing and Designing with Confidence: A Step-by-Step Guide by Mike W. Lin, ISBN: 9780471283904 / 0471283908

Copyright ©2011 by John Wiley & Sons, Inc. All rights reserved

Published by John Wiley & Sons, Inc., Hoboken, New Jersey

Published simultaneously in Canada

All Rights Reserved. This translation published under license. Authorized translation from the English language edition, Published by John Wiley & Sons . No part of this book may be reproduced in any form without the written permission of the original copyrights holder Copies of this book sold without a Wiley sticker on the cover are unauthorized and illegal.

图书在版编目（CIP）数据

建筑绘图与设计进阶教程 /（美）麦克·W.林编著；张慧婷，张慧娜译. — 南京：江苏凤凰美术出版社，2025.5. — ISBN 978-7-5741-1378-7

Ⅰ．TU204

中国国家版本馆CIP数据核字第2025SF1573号

出 版 统 筹	王林军
策 划 编 辑	孙　闻
责 任 编 辑	李秋瑶
责任设计编辑	赵　秘
装 帧 设 计	毛欣明
责 任 校 对	唐　凡
责 任 监 印	唐　虎

书　　　名	建筑绘图与设计进阶教程
编　　　著	［美］麦克·W.林
出 版 发 行	江苏凤凰美术出版社（南京市湖南路1号　邮编：210009）
总 经 销	天津凤凰空间文化传媒有限公司
印　　　刷	河北京平诚乾印刷有限公司
开　　　本	787 mm×1092 mm　1/16
印　　　张	13
版　　　次	2025年7月第1版
印　　　次	2025年7月第1次印刷
标 准 书 号	ISBN 978-7-5741-1378-7
定　　　价	88.00元

营销部电话　025-68155675　营销部地址　南京市湖南路1号
江苏凤凰美术出版社图书凡印装错误可向承印厂调换

诚挚献给乔安、布莱恩和莎伦

致读者

你惧怕绘图吗？或者常想尝试却总是犹豫不决？我的目标，是提供一个循序渐进的方法，来实现优秀的绘图技法和设计技能。这本书的受众，是设计行业中各种水平的从业者，对初学者、学生以及教师和专业人员都适用。

在第一章中，我提出"用松弛代替紧张"的理念，来说明只要有正确的态度，任何人都可以打破心理障碍，画得很好。这一章还展示了如何激活右脑，并发现隐藏在内心中的艺术技能。第二章中，我介绍了45种如何优秀绘图的基本技法。如果认真练习，这些技法能帮助你减少绘画中出现的失误。不管你有无天赋，你都可以画得更好，且更有信心。

第三章和第四章是本书的核心，讲述了不同的渲染技法和工具种类。我集中介绍了20种渲染技法和8种渲染工具，并在第四章末附上一张图表作为两项之间的交叉参考。分析该图表有助于你熟悉技法和适当工具之间的关系，使你能够更充分利用它们。第五章着重介绍了铅笔和马克笔的书写和使用。

能够增加表现力和真实感的各种元素，统一归为建筑配景：例如人物、植物、汽车、家具、天空、水景、玻璃和其他细节，都能使画面栩栩如生，第六章中将讲解这一部分。而在第七章中通过对建筑配景的学习，你可以对透视图的理解和构建做好准备。这一章会重点介绍一点透视图和两点透视图简单快速的绘制方法以及透视图表的使用。一旦理解了透视的基本原理，你将会更有信心地画出更美观的效果图，第八章中会介绍这些内容。

第九章将循序渐进地讲解设计过程，从而引领你成功解决设计方案。本章包括6种基本设计形式和23条设计原则。

最后的附录介绍了如何有效节省时间，并推荐了模型材料、图纸画板和马克笔。

要记住，你画得越多，你犯的错误可能就越多，但你学到的原则也就越多，你获得成功的次数也就会越多。最终，你收获了更多的自信。一旦你有了信心，就可以画得更好，并可以去尝试做更多的事情了。

麦克·W. 林

致谢

我一直梦想撰写的这本书终于变为现实。这本书的最终成形要感谢整个团队，团队包括专业建筑师、景观设计师、室内设计师和插图画家。大家花费了宝贵的时间和精力来帮助我。他们是：斯蒂芬·克莱、米歇尔·弗林、黛比·P.格拉维斯、莎伦·戈登、罗杰·葛力丹努、克里斯汀·赫斯、奥黛丽·海德、凯文·马歇尔、契德·莫尔、鲁斯·里奇以及卡拉·西利曼。

在此，特别要感谢我在绘图工作室的学员们，他们贡献了在绘图工作室期间完成的画作；还有那些慷慨贡献出自己作品的专业人员。如果没有这些内容，这本书可能无法满足学术层面和设计专业的质量要求和丰富性。

还要感谢多位参加我研讨会的朋友，是他们激励了我写出这本书。许多人分享了他们的专业知识，并帮助丰富了这本书的内容。

特别感谢美国景观建筑师协会、美国建筑师协会、美国建筑学院学生会、美国室内设计师协会、美国建筑设计师协会和美国景观承包商协会。这些组织与其各地分会一起，在全国范围内赞助了我的绘图工作室和研讨会，帮助我完成了此书。同样，还要感谢范·诺斯特兰·莱茵霍尔德的员工，我和他们一起撰写了我的上一部书，那是一次愉快的合作，在这本书中再次与这样一个有价值的团队合作，我十分庆幸。

最重要的是，我要向我深爱的妻子乔安致以最深切的感谢。在过去的20年里，她一直支持着我，每当我需要她的时候，她都会在我身边。还要感谢我的儿子布莱恩，感谢他在我的事业上给予了我许多帮助。还要感谢我可爱的女儿莎伦，感谢她带给我新鲜的灵感和喜悦。

麦克·W.林

目录

第一章 用松弛代替紧张 009

第二章 绘图的 45 个原则 013
一、线条 014
二、构图 016
三、色彩 018
四、样例 020

第三章 表现技法 032
一、如何观察 032
二、如何绘画 034
三、如何应用 035
四、样例 036

第四章 表现形式 043
一、铅笔 044
二、彩色铅笔 047
三、彩色蜡笔 051
四、钢笔和墨水 055
五、马克笔 059
六、水彩 066
七、蛋彩 071
八、喷枪 075

九、工具对比 078
十、矩阵图表 078

第五章 文字书写 085
一、铅笔书写 085
二、马克笔书写 087

第六章 配景 089
一、人物 089
二、植物 095
三、汽车 103
四、家具 108
五、天空 112
六、水景 115
七、玻璃 117
八、建筑材料 118

第七章 透视图绘制 122
一、透视图中的高度 122
二、透视图中的宽度 126
三、透视图中的深度 126
四、一点透视 130
五、两点透视 135

六、使用透视图表 139
七、侧面线条技法 149
八、透视描图方法 150

第八章 如何画草图 153
一、草图练习 153
二、草图日记 155

第九章 设计过程 163
一、制定计划 164
二、气泡图 164
三、实地分析 166
四、发展设计概念 169
五、选择设计方案 171
六、设计结果展示 182
七、案例分析 201

附录 A：一些节约时间的技巧 205

附录 B：制作模型的材料 206

参考文献 207

第一章
用松弛代替紧张

怎样才能画得更好,设计得更棒?也许,这需要一个人的天赋,但它远远不够,心态也尤为重要,还要有信心和敢于尝试的意愿。

不论做什么,积极的心态都会帮助到你。什么是积极的心态?——乐于分享、积极主动、勇于尝试、精力充沛、相信并欣赏自己以及乐于倾听。拥有积极的心态会帮助你放松下来,乐于接纳,而不再是紧绷着神经,害怕尝试。

用松弛替代紧张,意味着要勇于尝试而不是畏惧开始。紧张的人,会因恐惧而受阻,不想去冒险或试错。正是这种畏惧,使得一个紧张的人无法投入到绘画中。放松与心态密切相关,如果对自己和工作不够自信,那便很难放松下来。你必须由衷地热爱自己所做的工作,并向别人传达出这种积极的感觉,你是唯一那个能决定自己绘画好坏的人。即便是一个有天赋的人,若没有纪律的约束,也不见得会成功。当然,并不是所有人生来就天资聪颖。事实上,只要不懈地努力,任何人都可以获得才华。

当你开始画画,就要大胆地去冒险和尝试,不要害怕出错,而要尝试把错误看成是积极的经验。优秀的艺术家可以把任何错误转变为创作的一部分。永远都要对你的工作充满信心,这能够使你用积极的心态去接受批评,批评往往会带来更好的创意。心态放松的人不太在意别人对他画作的看法,但他会倾听他人的意见,汲取那些具有建设性的看法。

一、左脑和右脑

想要把一幅画画好,必须正确使用大脑的功能区。人类大脑分为左脑、右脑两部分功能区(图1-1)。左脑负责控制右手,代表明智、严谨、不敢冒险,擅长分析并理解事物。正是左脑喜欢塑造紧张的性格特征。右脑负责控制左手,代表艺术、灵活、放松、擅长冒险、直觉,它根据事物的实际情况来感知,而不是像左脑那样只注重事物的意义。通常,日常工作生活会驱使我们使用左脑,而本书所涵盖的技法可以帮助开发使用右脑。

当一个人的创造力开始驰骋,他的左右脑一定是同时开工的。一些简单的锻炼能帮助你刺激右脑。刚开始锻炼会有些难度,可以尝试做以下练习。

▶ 将双手置于胸前,伸出食指,向相反方向旋转手指(图1-2)。

▶ 用一只手轻拍脑袋,同时用另一只手转圈轻揉腹部,然后快速交换动作,轻拍腹部的同时,轻揉脑袋。

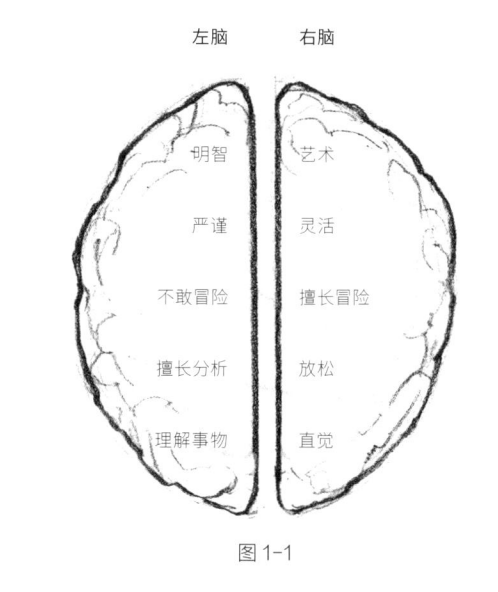

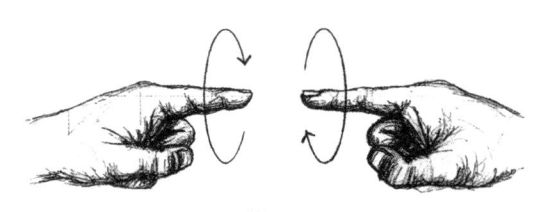

图 1-1

图 1-2

二、如何提高绘图技巧

正如其他技能一样，要画出好的设计效果图，需要很强的自律精神和必要的投入。如果运用得当，以下建议将有助于你提高绘画技能。

- ▶ **观察** 观察研究书籍、杂志和艺术展上的设计作品，将有助于巩固你所掌握的知识，并激励你完成高质量的作品。

- ▶ **观摩** 抓住每个机会来观察别人是如何绘画的。这尤为重要，因为它能够展示出绘画的实际过程，了解一幅优秀作品如何诞生，有助于你建立自信。

- ▶ **收集** 收集绘图参考书并寻找优秀案例，把这些案例分类归档，以便日后参考和生成灵感。

- ▶ **模仿** 学会分辨优秀作品，然后逐渐去模仿。这有助于提高绘图技法。但要注意，不要对模仿过度依赖。

- ▶ **信心** 不要气馁，保持自信就是成功的一半。你拥有的信心越多，效率就会越高，学到的也就越多，进步就会越大。要时常告诉自己，我能做到！

- ▶ **创造力** 要富有创造力地去思考和绘画。创造力通常意味着简单地以一种全新的、打破常规的方式去做事情。努力寻找以前从未注意过的事物吧。

- ▶ **松弛** 不要害怕出错或冒险。冒险是学习和进步的途径。要以积极的态度开始尝试，并克服那种犹豫不决。当出现错误时，要松弛下来，告诉自己"我可以接受它"，并把它变成作品有益的一部分。

- ▶ **实践** 没有实践就无法获得进步，所以要不断地练习。

- ▶ **坚持** 只有持之以恒，才能创造出好的设计作品。每一份努力——即使是一个点或者一条线，对于实现一幅优秀作品来说都不可或缺。往往创作最后几分钟的操作会让画作产生意想不到的效果。即使面对否定，也不要放弃。记住，你不会变得更糟，只会变得更好。除非你努力发挥自己的全部潜力，否则你永远不会意识到自己的能力。

- ▶ **批评** 请相关领域的专业人士对你的作品提出批评和意见。没有批评，你可能将重蹈覆辙。要接受建设性意见，这是你进步之路上的阶梯。

- ▶ **提升** 不断提升自己的能力和理解力。提升取决于不断地练习、接受建设性的批评，这样才能超越你自己。

学习前

学习前

学习后

学习后

图 1-3

▶ **分享** 当你通过口述的方式把自己的知识分享给别人时，实际上相当于自己又学习了一遍。这样，你所掌握的知识将进一步得到巩固，更加清楚了。

图 1-3 展示了人在紧绷和松弛状态下创作的不同作品。这些学习前、学习后的作品都是在 1~2 小时内完成的："学习前"的作品是学生未学习本书内容时所绘；"学习后"则是学生用 7~10 天学习本书后续章节所列技法后完成的作品。

图 1-4 中的 12 幅小图也能展示出学习后的提升。左侧一列四张图绘制的是同一对象，但使用了不同的工具，分别是铅笔、彩色铅笔、马克笔和彩色蜡笔。每一张小图都在 6 分钟内完成。中间这列为要求学生们做的一个庭院设计方案，共用时 40 分钟：其中第一张小图是功能气泡图，第二张是庭院平面图，后两张分别是剖面图及透视图。右侧四张小图展示了一些人物、树木、手部、透视图以及文字，每一张都在 3~5 分钟完成。

图 1-5 能够很好地展示出，在学员学习了本书讲解的所有技巧后，这 12 幅图可以达到的大致水平。

学习前

学习后

图 1-4

图 1-5　均为麦克·W. 林绘图工作室学员制绘制。

第二章
绘图的 45 个原则

本章提出绘图的 45 个原则，是创作出高质量作品一定要遵循的。若能牢记并实践，这些基本技法可以确保你创作出美妙的设计效果图。这些原则有些显而易见，有些则建立在需要认真理解概念的基础之上。要透彻地学习每一条原则，并将它们运用到你的绘图中。每当创作时，就要不断运用这些技法，直到它们完全融汇到你的绘画手法中。这些原则会刺激你的右脑，让你更具创造力。

这 45 个原则可以分为三类：线条、构图和色彩。随后将具体讲解这些原则，下面列表具体总结了这些原则。在图 2-1 中也可看出这些原则。

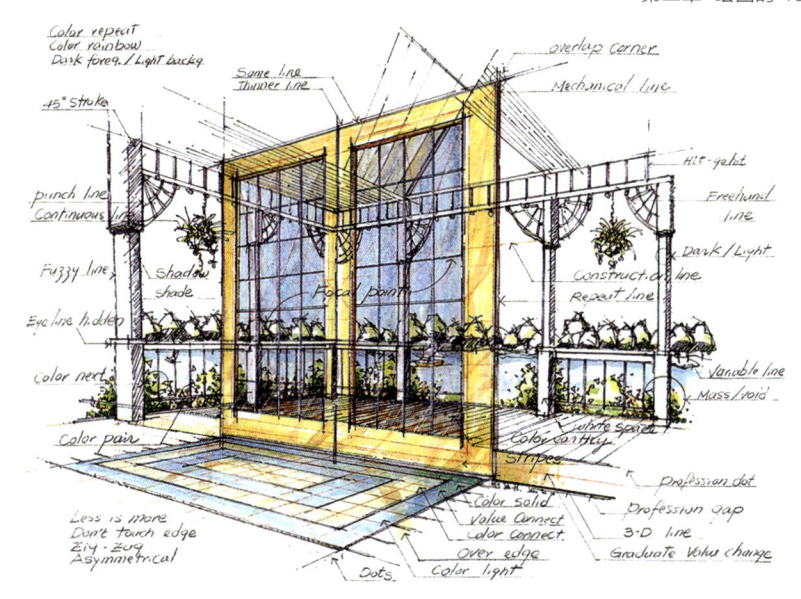

图 2-1 使用马克笔、彩色铅笔、毡头笔，在 19 英寸 ×24 英寸（48.3 厘米 ×60.9 厘米）马克纸上绘制，用时 1 小时。

绘图的 45 个原则

线条
1. 摩擦笔尖
2. 模糊线
3. "顿—走—顿"线
4. 专业缝隙
5. 专业顿点
6. 交角叠搭
7. 机械线
8. 徒手线
9. 辅助线
10. 连续线
11. 重复线
12. 变化线
13. 均一线
14. 浅细线
15. 加粗线
16. 三维线
17. 粗（细）线
18. 粗线条
19. 45°线
20. 渐变
21. 叠加边线
22. 条纹线
23. 圆点

构图
24. 起草小样
25. 少即是多
26. 边缘留白
27. 留白
28. "之"字形构图
29. 明暗对比
30. 虚实对比
31. 色调过渡
32. 暗部与阴影
33. 不对称构图
34. 隐藏水平线
35. 视觉焦点
36. 前深后浅

色彩
37. 色相环
38. 对比色
39. 相邻色
40. 丰富用色
41. 重复用色
42. 先画浅色
43. 运用色块
44. 色彩衔接
45. 大地色系

一、线条

1. 摩擦笔尖

在纸上来回摩擦铅笔尖是一个基本的技法。这样可以绘制出许多不同的线型,如模糊线、"顿—走—顿"线和徒手线。

方法:握住铅笔,在纸上前后摩擦笔尖,把笔头打磨成宽而平的形状。如果要画更宽的线条,可以减小笔头与纸的角度。像6B这样的软铅能画出更模糊、更宽的线条。

2. 模糊线

与线形明确的硬实线相比,模糊线的色调更浅,线形更柔和。现实中的物体并没有线条或轮廓。当绘画完成时,这种线就成为绘画对象本身的一部分。这种线条常用来绘制人造物品,如建筑和汽车。

方法:将铅笔磨出宽尖,用力均匀地画出宽度一致的线条。

3. "顿—走—顿"线

首尾两端清晰明确的线条能让画面更富吸引力,且能加强画面的层次感。这种处理方法就是让绘图者在运笔修改前,稍作停顿,然后再加绘制。

方法:磨好笔头,画出 1/8~1/4 英寸(0.3 厘米~0.6 厘米)长的线条端头,来回重复画几次,再画一条模糊线,在线条结束时采用与开头同样的方法处理。

4. 专业缝隙

线段中间断开一小段,称之为专业缝隙。它常用于反映光在物体上的反射,也常用于绘制曲线或长线时的过渡。

方法:绘制模糊线或"顿—走—顿"线时,随意留下 1/16~1/8 英寸(0.2 厘米~0.3 厘米)宽的缝隙。

5. 专业顿点

专业顿点是指画完线修改后顿一点。它是快速绘画过程中形成的,能增加画面的动感和生机。就像一句话末尾的句号一样,它可以作为绘图的完结。

方法:快速画一条模糊的线,然后打一个小圆点,线条与圆点间要有缝隙。练习熟练后,只要画得快,这种圆点就会自然点出。

6. 交角叠搭

边角位置的线条叠搭处理可以让绘画对象更加立体、有形且完整。交角叠搭处理会比画一个两边完美衔接的交角要快,还能使画面看上去既从容又专业。

方法:绘制交角时,画两条模糊线条或"顿—走—顿"线条,让其相交,长度为 1/8~1/4 英寸(0.3 厘米~0.6 厘米),具体尺寸根据绘制对象来定。绘制精细图纸时,交叠短一点,绘制草图时交叠可以长一些。

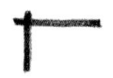

7. 机械线

机械线是指借助直尺绘制出的干净利落的直线。它比徒手画线要更快、更连贯、更精确,也容易轻松画出一条长线。

方法:使用直尺,综合上述绘制模糊线"顿—走—顿"线、交角叠搭、专业缝隙以及专业顿点。这种处理方式会让生硬的线条看起来更从容随性。

8. 徒手线

画这种线不能使用尺全凭徒手这种线柔和自然,适合绘制小尺寸的草图。比起直尺,它能让你更具创造力。不过,它要比画机械线花费时间。

方法:磨好笔尖,然后徒手绘制模糊线、"顿—走—顿"线、交角叠搭、专业缝隙以及专业顿点。

9. 辅助线

辅助线是浅而细的模糊线,它用来勾勒原始草图。对于不太确定的部分,先画出设计效果的整体构思,这是一种保险的做法,因为这些线可以很容易地修改或擦除掉。

方法：轻轻地画出模糊线，并勾勒出画面的整体构架。

10. 连续线

连续线是一条快速绘出的、不停顿的线，这条线可以勾勒出物体的轮廓。

方法：连续绘制模糊线和"顿—走—顿"线。注意，不要让铅笔离开纸面。

11. 重复线

重复线即重复几次绘制图中的主要线条。重复线通过增加纵深感，使物体看起来更加立体。它可以激发绘图者的创造力，增加画面随性、自然的感觉。

方法：在绘画物体的边线处轻松地去绘制模糊线或辅助线，重复一次或者多次。物体的阴影面要运用更多的重复线。

12. 变化线

变化线是指深浅粗细都不同的模糊线条。它能让画面更有立体感、更加真实，通常用来绘制人物、树木及其他生物等。

方法：磨好笔尖，转动铅笔，施加不同的力度，画出不同深浅粗细的线条。物体上反射光的地方，线条应处理得更细更浅；阴影处则要更粗更深。

13. 均一线

均一线是指深浅粗细完全一致的线条。其实在我们的日常生活里，并不存在什么线条，使用均一线可以使画面获得更强烈的真实感。

方法：在确定了线条的粗细后，整幅画面都应使用这种线形。有时，有必要使用不同粗细的线形来区分绘制对象与绘图者的距离远近。在这种情况下，远景对象使用最细的线形，中景对象使用中等粗细的线形，近景对象使用最粗的线形。效果图越大，线条越粗，这能使画面的可读性更强，不过这并不能保证获得高质量的作品。

14. 浅细线

浅细线可以使画面更加柔和、栩栩如生。但图幅较大时，一般多采用粗线条，因为粗线条能使画面看起来更清晰。

方法：整幅图都使用浅线条，具体线型要根据图幅大小和画图细节决定。

15. 加粗线

加粗线也被称为轮廓线，是一种略粗重的线条，用来勾勒出想要突出强调的对象。因为它看上去较为粗放、随性，所以一般不用于精确度要求高的作品中，可用在平面图、立面图和剖面图中。

方法：整幅图都使用同样线形的线条，然后把你想强调的物体边缘用加粗的线条勾勒出来。

16. 三维线

粗细线并列，可以绘制成三维线。这种线能营造出三维立体感或者模糊线的感觉，可以增加画面质感。

方法：先画一根粗线，再画一根细线。根据绘制物体的大小，在粗线和细线之间留出 1/16~1/8 英寸

（0.2 厘米~0.3 厘米）的距离。

17. 粗（细）线

物体的轮廓线一般都是颜色较深、边缘清晰的细实线，这样才能很好地控制住其内部的色调排线。色调排线要比轮廓线更粗、更浅一些。

方法：轻微地打磨笔头，然后使用细实线用力绘制出物体轮廓（使用模糊线"顿—走—顿"线以及交角叠搭的绘制技巧）。学习后进一步打磨笔头，让笔头更宽，并在物体轮廓线内部稍微施力开始排线、上调子。排线的粗细深浅要一致，别用"顿—走—顿"的画法，不然排线会有不连续的感觉。

18. 粗线条

使用粗的模糊线条来绘制物体的表面。粗线条有助于快速完成一幅画，并打造一个平滑的效果。

方法：将笔头磨成最大的宽度，然后绘图。推荐使用类似 6B 这类的软铅（芯）铅笔。

19. 45°线

与纸张边缘呈 45°的一系列平行的模糊排线，能够很容易且快速地绘制出来该线形能够打造统一、顺滑的画面效果。

方法：运笔时保持从上至下，当画下一条线时，可以轻轻将笔稍稍滑动。注意，不要来回地画。

20. 渐变

光的反射会在物体表面上产生一种渐变的光影效果。尽管人眼不能立刻察觉出来，但绘图时一定要注意塑造，让画面更具真实感。

方法：打磨好笔头，然后使用 45°线从左至右开始排线，同时运笔力度也要由重至轻（左撇子应该从右至左来排线）。保证线条之间有接触，偶尔留点缝隙，显示出是 45°角。

21. 叠加边线

当使用渐变效果时，可以让部分线条与物体轮廓线略微交叠。这样可以塑造出柔和、随性的效果。

方法：当使用渐变效果时，要着力用短线去重复刻画物体边线处。线条重复程度取决于图纸的精细程度。

22. 条纹线

条纹线可以使画面更加生动、更富有纵深感，能够表现出阴影的形式以及斜坡的角度。这种线条的运用能让画面看上去更加纯熟。

方法：选用任意一种绘图工具，选取任意角度去绘制条纹线。

23. 圆点

圆点可以打造出具有渐变感的肌理与细节。

方法：选取合适线型，垂直持笔以避免与纸面发生摩擦，随机地去绘制圆点。

二、构图

24. 起草小样

先小规模地绘制一个小样，像缩略图那样，这便于你去研究整体色调及构图。比起绘制大尺寸草图，起草小样可以节省更多的时间，并且能提前解决很多问题，而不至于毁掉一大幅图纸。

方法：选一张不大于 8.5 英寸×11 英寸（21.6 厘米×27.9 厘米）的纸。这幅小图既可以用来推敲画面效果，也可以放大到你需要的尺寸，以作他用。

25. 少即是多

通常情况下，如果在一幅画上花费了太多的时间，很可能会过犹不及，失去画面最重要的原则之一：留白。用更少的时间，也许能获得更好的绘图效果。

方法：规定自己的绘图时间，时间一到就停笔。要记住：不管你画多久，都不会完成一幅完美的作品。即使是最优秀的作品，也有提升的空间。

26. 边缘留白

注意不要让线条画到纸张的边缘处，可以先在画纸边缘画出边框，这能确保画面有足够的留白，也能让画面形成一种"之"字形的构图效果。这种边缘留白的处理手法，可以使画面有一种自带边框的效果。

方法：在图纸边缘处留出 1/2~4 英寸（1.3 厘米~10.2 厘米）的白边，具体尺寸根据图纸和构图效果而定。

27. 留白

留白是绘图中最重要的元素之一，它有助于形成"之"字形构图（第 28 条技法）以及虚实对比（第 30 条技法）的构图效果。当人们睁开眼睛，先看到白色再看到黑色。因此，留白可以让画面更加吸睛。

方法：在需要留白或者浅色调的区域标记"W"（白），这有助于在画图时当作提醒。同时也要限定绘图时间，避免画得太多、太过。留白区域并不一定是空白的，也可以是任何颜色的浅色调。

28. "之"字形构图

在"之"字形构图中，画面的四边并不一定是规则的几何形状（如正方形、三角形或圆形）。"之"字形构图会让画面显得多变而富有现实感。

方法：为了打破规整的几何形状，可以巧妙地放置一些绘图中的细节，如家具、旗帜、喷泉、植物、人物、长椅和汽车等，通过突出、内陷产生"之"字形或起伏不平的轮廓。

29. 明暗对比

明暗对比用来凸显画面中的主体，如建筑的转角部分，一面填充上深色，而另一面填上浅色。这样能突出三维立体的效果。

方法：在主体转角处，一面（面积较小一面或阴影面，图中的"D"区域）色调常常是另一面（面积较大一面或受光面，图中的"L"区域）的两倍。一整幅画面一定要保持光源位置及明暗度一致。

30. 虚实对比

在真实环境中，我们是通过物体的形状以及它与相邻物体的明暗对比来识别该物体的。例如，深色草坪旁边的浅色道路，或与浅色蓝天形成对比的深色建筑。能够正确运用这条虚实对比（明暗对比）的技法，有助于区分画面中的不同材质。

方法：当画面要表现出材质变化时，要把深色材质处理成深色调子（图中的"M"区域），把浅色材质处理成浅色调子（图中的"V"区域）。例如，一个深色建筑应该与浅色的天空布置在一起，或者深色草坪要与浅色道路紧邻。这样可以辨识出不同的材质，并塑造出"之"字形的构图效果。

31. 色调过渡

如果虚实对比过于强烈，画面会给人不协调的感觉。色调过渡通过一种中间色调，它把深色调和浅色调连接起来，可以缓和这种情况。

方法：研究画面中每个物体的色调关系，保证相邻物体没有特别强烈的色调对比。

32. 暗部与阴影

暗部与阴影使画面更具冲击力、纵深感和真实性，也让画面更有可读性。

方法：阴影只出现在有光源照射的表面上，永远不会在暗部出现。物体的凹陷程度越深，阴影就越大。不论是从受光面到背光面，还是从背光面到阴影面，色调都要加深一倍，这样才能够让物体更具有三维立体的效果。

33. 不对称构图

不对称构图能让画面更具生气和活力，避免单调乏味。

方法：运用人物、植物、汽车或家具等不同元素，获得一种不对称的平衡，同时也要营造出视觉的和谐统一以及色调的一致性，要避免物体的对称放置。

34. 隐藏水平线

正常情况下，一个人是永远看不到视平线（水平线）的，除非俯视海洋或大面积的湖面。因此，将水平线隐藏起来可以让画面更加真实，看上去更舒服。

方法：用周边环境中的人物、树木、汽车、山脉或建筑物等来遮蔽视平线。

35. 视觉焦点

画面的中心通常是视觉焦点处，未必是画面的几何中心。

方法：在画面的重要部位以及视觉焦点处，要注意更多的细节，色调也要更深一些，当然也别忘了适当留白。当绘图时间较短时，此方法比较适用。此外，在运用前深后浅的技法时，也可以用到。

36. 前深后浅

在自然界中，物体离观察者越近，色调越深；离观察者距离越远，色调越淡，直到淡化在背景中。从前景到背景，色调有一个渐变的过程。

方法：绘图时，背景使用浅色，逐渐加深颜色，慢慢过渡到前景。此方法用时较多，最好应用于精确的画面中。

三、色彩

37. 色相环

色相环包含三原色（红色、黄色、蓝色）和三间色（绿色、紫色、橙色）。间色由原色混合而来。旋转色相环，就能看到白色。把色相环上的所有颜色混合到一起，就能调出棕色或黑色。

38. 对比色

人的眼睛就像照相机。当我们看到一种颜色时，会从色相环里找到它的互补色：红和绿、蓝和橙、黄和紫。这些颜色组合称作互补色或对比色。

使用对比色时，当两种颜色没有混合而是邻近使用时，会彼此映衬，带来一种视觉冲击力；当把这两种颜色混合起来时，则会得到大地色系的颜色。

方法绘画时给主色调加上一点它的对比色，例如，画草和树时在绿色中加入一点红色，画天空时在蓝色中加入一点橙色，画紫色地毯时加入一点黄色。记住这3种对比色的一个简单方法是：将三原色涂在三只手指上，当任意两只手指组合在一起时，它们产生的颜色，就是剩下那只手指颜色的对比色。另一个记忆方法就是联想法，将红色和绿色与圣诞节联系起来，将蓝色和橙色与日出联系起来，将黄色和紫色与彩虹联系起来。

39. 相邻色

相邻色是指色相环中相距60°或相隔三个位置内的颜色。这种用色非常和谐，渐变过渡看上去很舒适。

方法：参照色相环上的颜色，3种连续的颜色为一组相邻色。例如，一棵树的相邻色包括黄色、绿色和蓝色，而这一组颜色的对比色是红色。因此，在渲染一棵树的时候，这些颜色都应该用到。

40. 丰富用色

丰富的用色能增强画面的趣味性、生动性以及色彩感，避免画面单调。

方法：在色相环中选取至少6种主导颜色，并且每一种颜色要有两到三个色调变化。这种手法包含了上述大多数色彩运用准则采用下面提到的重复用色，也可以得到高质量的效果图。

41. 重复用色

由于色彩总是在不同方向被不断地反射、折射，因此环境中的物体能接受到光谱中全部7种颜色。例如，一棵树包含了所有的颜色，但是绿色是最为突出的。一旦在绘画中用到了一种颜色，那就要贯穿始终，这就是重复用色。它能塑造供一种更加真实和赏心悦目的效果，因为这种手法处理的结果更自然。

方法：一旦使用了一种颜色，那就要在图中的任何物体上都要用上这种颜色，不过要确保不同物体有自己的主导颜色：树木多用绿色，砖头多用红色，天空多用蓝色，等等。

42. 先画浅色

先画浅色是指绘画时先用浅色着色，然后逐渐过渡到深色。人眼通常习惯先看到浅颜色，因此对于初学者而言，绘图时先画浅色是一个好方法。

方法：在整幅画面中首先画最浅的颜色，然后不断增加颜色的深度，直到用上最深的颜色。

43. 运用色块

运用色块的手法有点类似于"根据色值绘图"，但与渐变技法以及条纹线技法相结合的时候，它能打造出柔和顺滑的效果，避免出现参差不齐。这个方法也可以在画面中营造出虚实对比。

方法：在某个完整的区域使用某种颜色，比如草地、地毯或者建筑，同时也要保持适当留白和色调过渡变化。记住使用对比色来创造兴奋感。

44. 色彩衔接

画面中各个着色物体之间有太多留白的话，会产生参差不齐的感觉。色彩衔接就是在留白空间使用浅色调及中间色，将两个物体和谐连接起来。

方法：如有可能，不要让留白完全围住一个物体。在两个物体的留白处用浅色调来连接，例如，将道路涂上浅灰色来连接两边的草地。

45. 大地色系

当我们的眼睛看到一种颜色的时候，总会去寻找它的互补色。当我们看到绿色时，眼睛会下意识地看到红色。当我们看到浅色或者白色时，也会下意识地去寻找深色或黑色。因此，如果画面中存在浅色，我们应该也在画面中添加上接近大地色系的深色调，以适应我们的视觉习惯。

方法：用黑色在物体上添加暗部，或者将对比色混合起来，创造一种大地色系。用棕色或黑色将图纸勾勒出来，可以让画面更加整齐清晰、鲜明美观。一棵亮绿色的树可以用黑色或红色点染，也可以用黑色来勾勒轮廓。

四、样例

图 2-2 通过绘制一间小屋，成功地应用到了前面介绍的 45 个绘图原则。在每幅小图中，可以针对同一个主体采用不同的绘图原则，并将它们有效地组合在一起。

图 2-3 是绘制一座谷仓的草稿，比较了绘图手法的成功运用和失败运用的不同结果。使用这 45 个原则可以减少犯错，节约时间，提升绘图质量。

图 2-4 及图 2-5 展示了针对同样空间进行设计与绘制的优劣对比。图下附带点评，说明图中什么地方画得合理，什么地方手法用得不好，以及如何提升改进。通过比较可以很明显地看出来，如果画得好，设计能力往往也不错。因此，放松心态，持续练习，不断去画，多画，再多画！

图 2-6 及图 2-7 是 4 组"学习前"与"学习后"的对比，它们都是参加了作者在堪萨斯州曼哈顿市开办的绘图工作室的学员们绘制的。"学习前"的作品是学员们在刚来时所画，用时 1 小时。"学习后"的作品是学员们用 6~10 天的时间，学习了 45 个绘图原则学习后，使用 1~3 小时所完成的（包含设计时间）。对比显示，学员们绘画水平的惊人提升足以证明：任何人，不论是否有天赋，或者是否掌握了足够技能，只要能理解本书中所介绍的绘图原则，都可以画得很好。

附加的几个案例（图 2-8~图 2-12），用以说明不同类型的作品需要使用的不同原则。

第二章 绘图的 45 个原则

图 2-2 均为麦克·W. 林绘图工作室学员绘制，使用铅笔及彩色铅笔在 5 英寸 ×7 英寸（12.7 厘米 ×17.8 厘米）速写纸上绘制，每幅图用时 5~15 分钟。

不足：没有使用专业缝隙、专业顿点、交角叠搭以及变化线。

不足：没有使用视觉焦点、模糊线，且斑点过多。

优点：运用到了模糊线、"顿—走—顿"线、专业缝隙、专业顿点以及交角叠搭。

不足：没有使用留白、"之"字形构图，以及边缘留白。

不足：没有使用"顿—走—顿"线、45°线，且画面有些参差不齐。

优点：运用到了45°线、渐变、"之"字形构图、视觉焦点，以及虚实对比。

不足：没有使用留白、丰富用色以及先画浅色。

不足：没有使用相邻色、丰富用色以及大地色系。

优点：运用到了对比色、相邻色、丰富用色、重复用色以及大地色系。

图2-3 45个优秀绘图技法重要性的展示研究。

第二章 绘图的 45 个原则

学习前

学习前

学习后

学习后

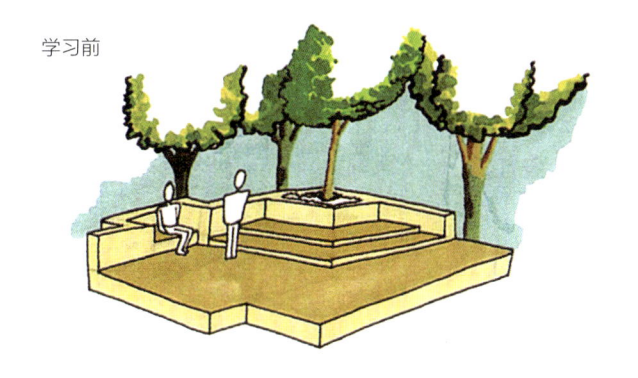

图 2-4 上二图点评:"学习后"的作品运用了机械线、"之"字形构图、色调过渡、水平线隐藏、对比色以及大地色系等技巧,而"学习前"的作品并没有运用到这些,且人物绘制得太简单,视平线也显露出来了。
下二图点评:相比"学习前"的作品,"学习后"的作品运用了机械线、重复线、圆点、不对称构图以及大地色系等技法。

均为麦克·W. 林绘图工作室学员绘制,使用马克笔、彩色铅笔以及毡头笔,19 英寸 ×24 英寸(48.3 厘米 ×60.9 厘米)马克纸,每张图用时 1~3 小时。

023

学习前

学习前

学习后

学习后

图2-5 上二图点评：相对于"学习前"的作品，"学习后"的作品运用了机械线、渐变、条纹线、"之"字形构图、暗部与阴影、视觉焦点以及丰富用色等技巧。
下二图点评：相对于"学习前"的作品，"学习后"的作品运用了条纹线、"之"字形构图、不对称构图、水平线隐藏、前深后浅以及对比色等技巧。

均为麦克·W. 林绘图工作室学员绘制，使用马克笔、彩色铅笔以及毡头笔，19英寸×24英寸（48.3厘米×60.9厘米）马克纸，每张图用时1~3小时。

学习前

学习后

图2-6 上二图点评：相对于"学习前"的作品，"学习后"的作品运用了专业缝隙、边缘留白、"之"字形构图、丰富用色、重复用色以及先画浅色等技巧。"学习前"的作品为参加培训第1天绘制，用时1小时；"学习后"的作品为参加培训第8天绘制，用时2小时。

学习前

学习后

下二图点评：相对于"学习前"的作品，"学习后"作品运用到了交角叠搭、渐变、先画浅色、"之"字形构图、视觉焦点以及对比色等技巧，人物处理得当。"学习前"的作品为参加培训第1天绘制，用时1小时；"学习后"的作品为参加培训第5天绘制，用时2小时。

均为麦克·W. 林绘图工作室学员绘制。使用了马克笔、彩色铅笔和毡头笔，在19英寸×24英寸（48.3厘米×60.9厘米）马克纸上绘制。

学习前

学习后

图 2-7 上二图点评：相比"学习前"的作品，"学习后"的作品运用了机械线、叠加边线、渐变、视觉焦点、对比色以及先画浅色等技法，人物处理得当。"学习前"的作品为参加培训第 1 天绘制，用时 1 小时；"学习后"的作品为参加培训第 5 天绘制，用时 1 小时。

学习前

学习后

下二图点评：相比"学习前"的作品，"学习后"的作品运用到了机械线、"之"字形构图、留白、虚实对比、对比色以及色彩衔接等技法。"学习前"的作品为参加培训第 1 天绘制，用时 1 小时；"学习后"的作品为参加培训第 10 天绘制，用时 4 小时。

均为麦克·W. 林绘图工作室学员绘制。马克笔、彩色铅笔和毡头笔，在 19 英寸 ×24 英寸（48.3 厘米 ×60.9 厘米）马克纸上绘制。

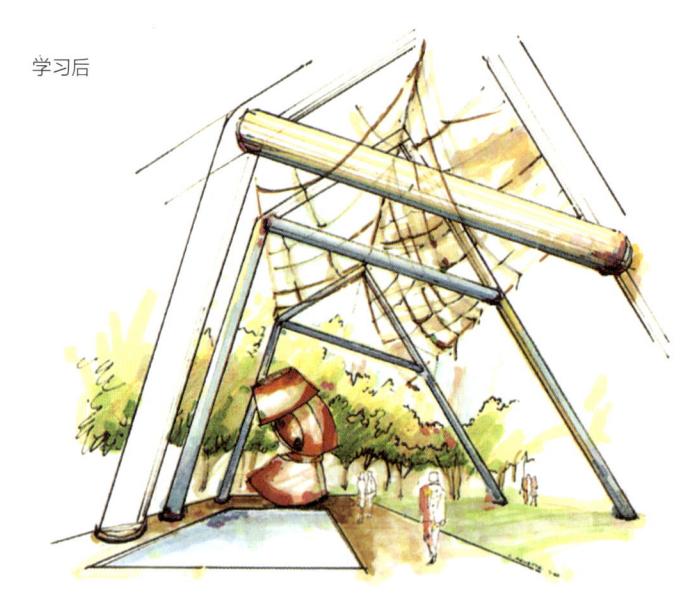

第二章 绘图的 45 个原则

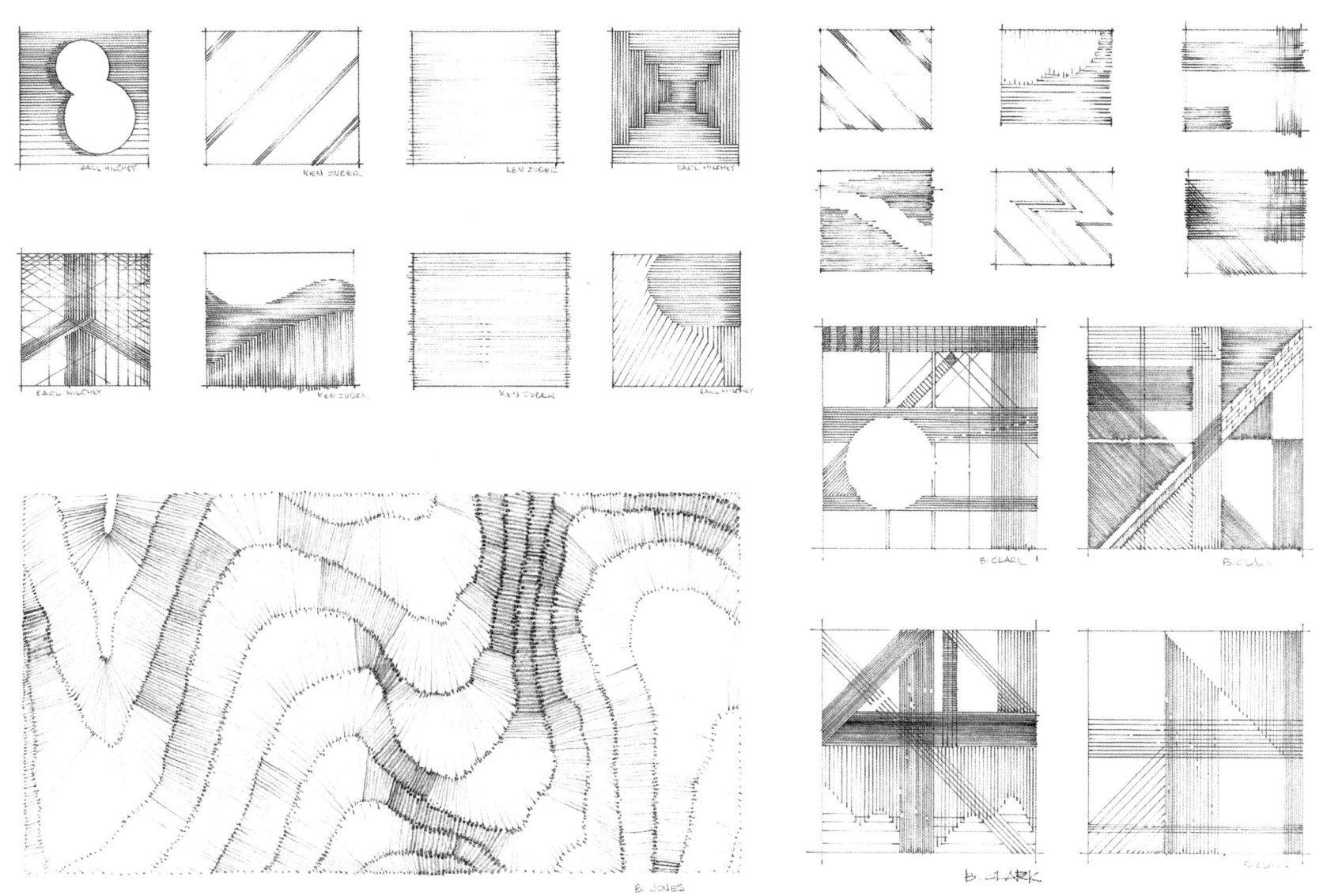

图 2-8 均为麦克·W. 林绘图工作室学员绘制,铅笔在 16 英寸 ×24 英寸(40.6 厘米 ×60.9 厘米)速写纸上绘制,用时 2 小时。

027

图 2-9 左上图: 使用铅笔在 6 英寸 ×6 英寸 (15.2 厘米 ×15.2 厘米) 描图纸上绘制, 用时 2 小时。左下图、右图: 使用铅笔及黑色马克笔在 6 英寸 ×12 英寸 (15.2 厘米 ×30.4 厘米) 素描纸上绘制。均为麦克·W. 林绘图工作室学员作品绘制, 每幅图用时 2 分钟~1 小时不等。

第二章 绘图的 45 个原则

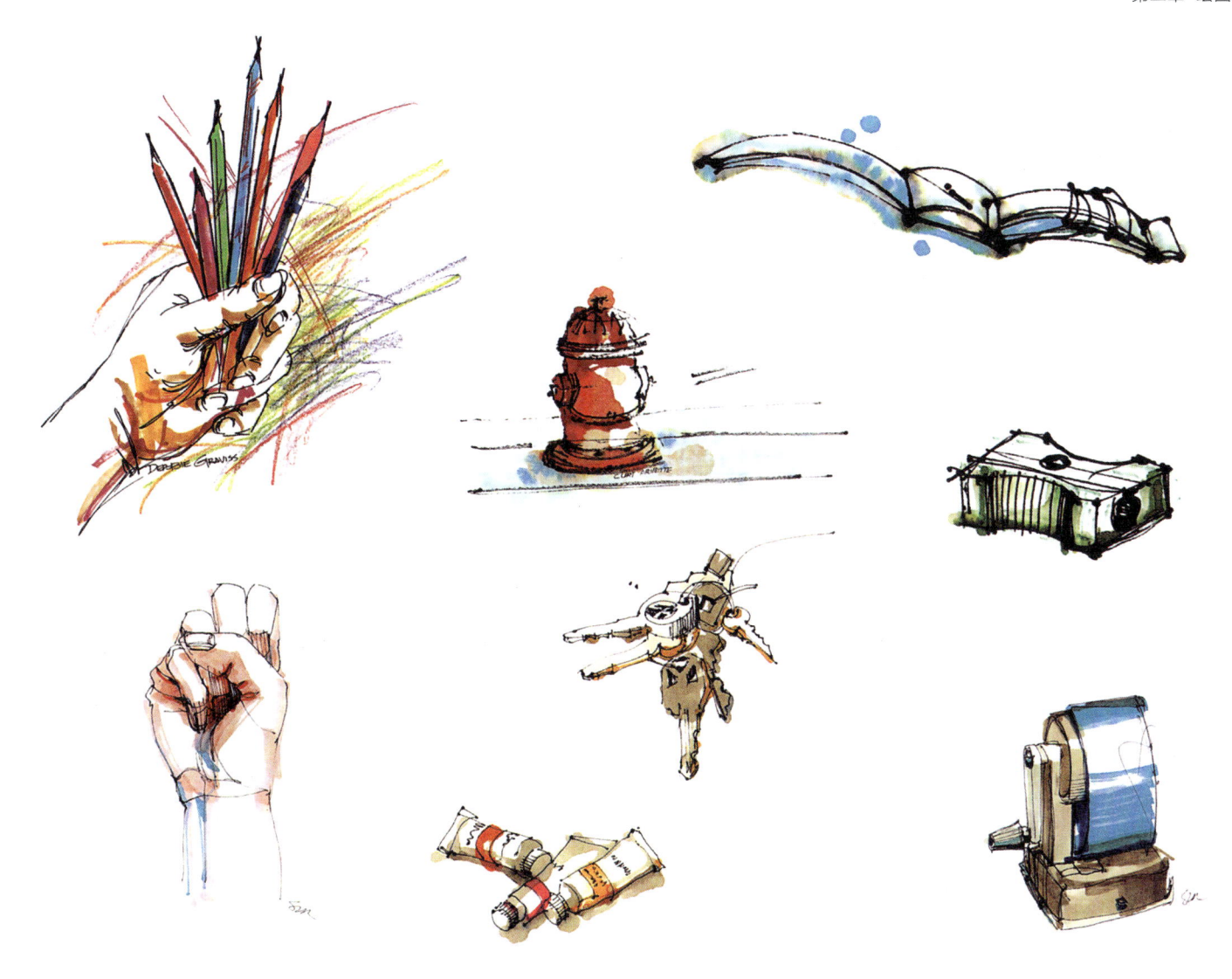

图 2-10　使用马克笔、彩色铅笔、彩色蜡笔以及毡头笔在 6 英寸 ×8 英寸（15.2 厘米 ×20.3 厘米）速写纸上绘制。均为麦克·W. 林绘图工作室学员作品绘制，每幅图用时 3～10 分钟。

图 2-11 使用马克笔及毡头笔在 8 英寸 ×8 英寸（20.3 厘米 ×20.3 厘米）速写纸上绘制。均为麦克·W. 林绘图工作室学员绘制，每幅图用时 30 分钟。

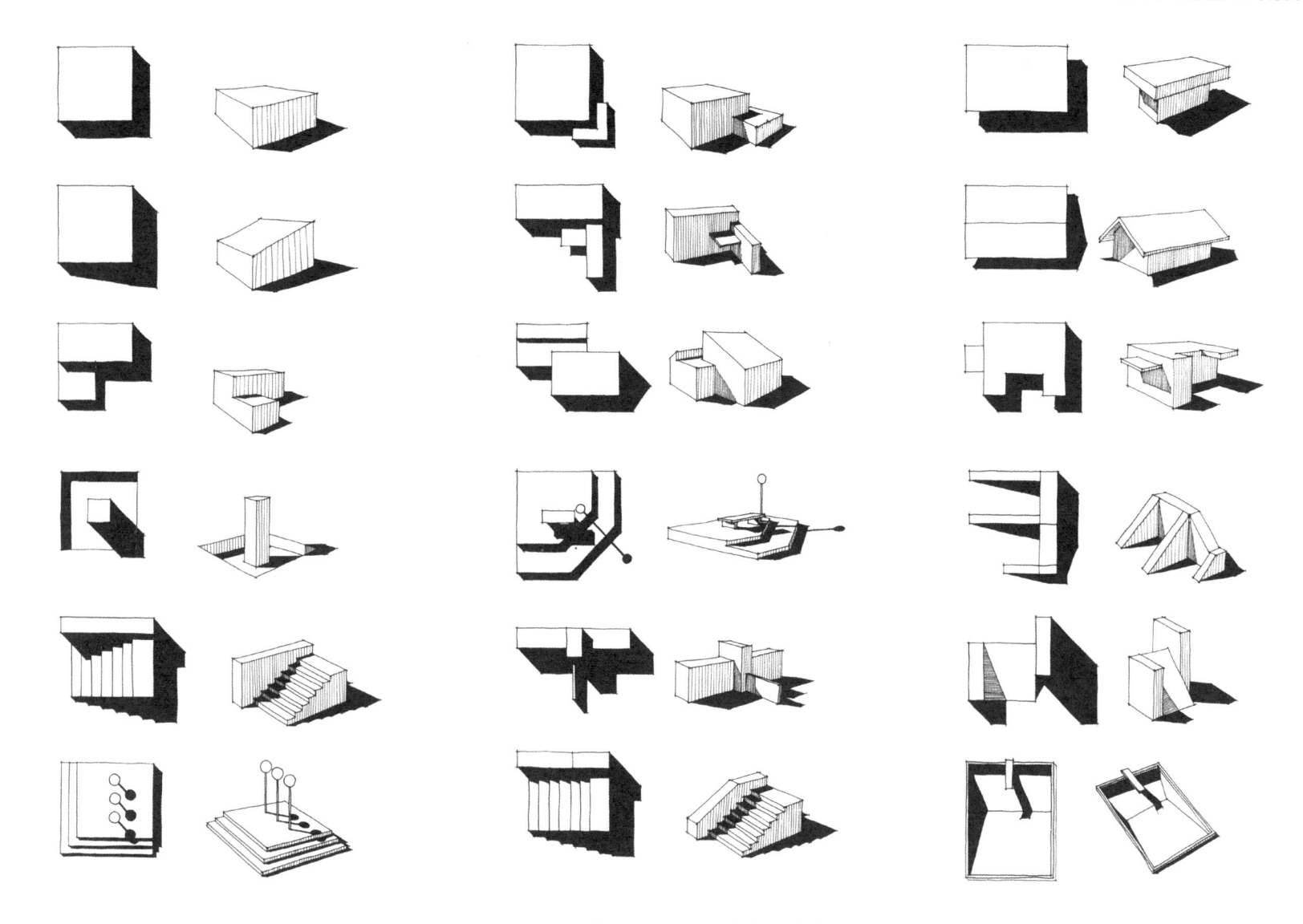

图 2-12 使用钢笔及墨水绘制在 19 英寸 ×24 英寸（48.3 厘米 ×60.9 厘米）的坐标纸上。均为麦克·W. 林绘图工作室学员绘制，用时 12 小时。

第三章
表现技法

要想把效果图画好,我们必须熟悉效果图的表现技法和所需的工具。

本章将介绍 20 种表现技法。这些技法被分为三个部分:"如何观察"将提升我们对于绘制对象的洞察力和理解力;"如何绘画"将教会我们如何快速而自信地去绘图;"如何运用"将具体介绍表现技法如何应用。我们以绘制一个门把手为例,来讲解说明一些技法。本章要讨论的 20 种技法列举如下:

20 种效果图表现技法:

如何观察
1. 双色调轮廓线
2. 强烈对比
3. 10 色调轮廓线
4. 单一色调
5. 单色
6. 照片渲染研究
7. 拼贴技法

如何绘画
8. 连续线
9. 结构线
10. 正向和负向
11. 叠加边线
12. 边线组合
13. 抽象插图

如何应用
14. 色调技法
15. 线条色调
16. 色调和线条结合
17. 点画法
18. 垂直和水平线条
19. 交叉影线
20. 电脑技术应用

一、如何观察

1. 双色调轮廓线

这种技法是将一个物体的明暗用两种色调来表现。浅色调(色度由 0~5)分为一组标记上 0,剩下区域的深色调(色度由 6~10)标记上 10。

方法:从杂志里找一张彩色照片,扫描为黑白照片,研究它的色度变化。用线条把上述提到的两组色度区分出来。

2. 强烈对比

强烈对比仅用黑白两色,而不使用任何中间色调,所有色调都用黑色和白色来呈现。

方法:分析物体并将它的明暗值分为两种色调:从白到黑以 0~10 作为范围,其中 0~5 用白色,6~10 用黑色。

这种技法能产生强烈的对比效果,通常用在平面设计或标志图案中。它要求绘图者对物体有敏锐的观察,并且适当夸大它的明暗值变化。它还能让我们学到怎样观察物体的明暗,并且用黑白两色这种最强烈的对比手法来表现。

3. 10 色调轮廓线

将物体的明暗值通过 10 色调的线条来表达,然后用闭合轮廓线将每个区域画出来。

方法：用数字来标记每个区域的色度。用 0 标记白色区域，用 10 标记黑色区域，期间的色度从浅至深依次用相应数字标记。

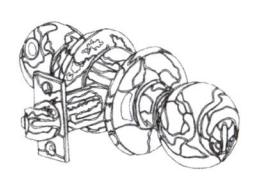

4. 单一色调

单一色调技法要求使用某种色调的同一根马克笔，通过不同的填涂次数，可以得到不同深浅的色调。色调越深，填涂的次数越多。这种技法可以让绘图者把使用色彩的数量控制到最少。

方法：仅使用一只浅色马克笔，根据 10 色调轮廓线技法进行上色。标记 10 号的区域先留白，标记 1 号的区域用马克笔填涂一次；标记 2 号的区域填涂 2 次，以此类推。每次填涂学习前至少等 4 分钟，让笔墨干透。也可以偶尔使用没有颜色的马克笔来擦拭刚画上的颜色，这样就可以增加单色马克笔的色度范围。

5. 单色

单色手法为使用一种颜色，并加上它的所有色调来表现。这个技法要比单一色调法更加高效，因为它的色调对比更鲜明。

方法：以 10 色调轮廓法为基础，使用色号从 1 到 9 的灰色马克笔，再加上一只黑色马克笔。将 0 号区域留白，10 号区域涂黑。这种技法对于初学者特别有利，因为有限的色彩选择可以帮助初学者避免犯错。

6. 照片渲染研究

这种技法是为了锻炼绘图者观察色调变化，并在画面中将这种变化记录下来。进行这种训练，需要一张照片或复印件。

方法：把这张照片或复制件分成两部分。一部分保留图像原状，另一部分用黑白或彩色渲染技法进行处理。最后，将这两部分拼接在一起，形成完整的图像。这种技法的进阶版本对于专业人员相当有用，他们可以将拟建建筑的效果图加入现有环境中去。通过这种方式，客户可以直观地看到拟建建筑的视觉效果。

7. 拼贴技法

通常有两种拼贴技法。一种是由不同的色相、色调和色度的小纸片组成的，把这些纸片紧密地贴在一起，组成想要的形状。另一种方法是照片蒙太奇，把完整的形状（如树木、人物、汽车等）裁剪下来并重新定位。这些技术需要投入大量时间，但是成本很少。不过，拼贴技法更适合艺术创作而不太适合作为效果图呈现给客户。它对识别任何形状中颜色与色调的细微变化非常有帮助。

方法：在一个粗略勾勒出轮廓的图纸上，在小范围内先涂上胶水。从杂志照片上选出想要的颜色和色度。把照片剪裁或撕成小碎片，然后把它们拼贴成草图的形状。请使用照片边缘的碎纸片来拼贴出绘画对象的轮廓线。

二、如何绘画

8. 连续线

在加强个人绘画技能方面，画连续线可能是最重要的方法之一。它能增强自信，让画手大胆放松地绘画，还能刺激右脑。

方法：选择一个绘画对象并尽快画出来，尽量不要让笔离开纸面。把更多的注意力放在比例上而不是细节上。连续线的技法很少用于最终的效果展示，但强烈建议作为练习使用。

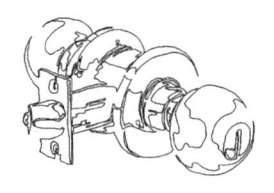

9. 结构线

结构线是用来探索和展示物体结构的。这种技法能快速绘制草图或勾画设计示意图，通常被用来绘制更加精细的最终作品。

方法：使用浅色铅笔勾画出绘制对象的基本形状和比例。使用结构线技法，不用考虑色调变化，也不用表现细节。尽量使用铅笔或者彩色铅笔。

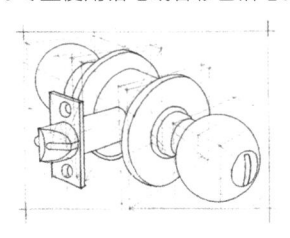

10. 正向和负向

正向和负向，与连续线技法一样，都可以引导绘制者清晰地观察和表现绘画对象。这种技法将画面简化为正向空间（绘制对象）和负向空间（页面或背景），使绘制者把设计元素看作一个整体，而不是单独的部分。当细节被忽略时，绘制者便能更专注绘画对象的形式和比例。

方法：画出物体的轮廓。用一条线来界定正向空间和负向空间。这种技法可以用来描绘复杂的元素，如树叶、椅子等。

11. 叠加边线

叠加边线（亦称作轮廓线），是用来强调绘制对象形状轮廓的一组加粗线条。叠加边线可以用来强调画面中的重要元素并将它们带入前景中来，以此来区分不同的元素并呈现出纵深感。这种技法适用于铅笔或毡头笔的速写草图，也可用于使用钢笔和淡墨的精细效果图。

方法：用最粗的线条来勾勒物体边线从而与背景区分出来，然后用中等粗细的线条将各个具体对象勾勒出来，再用细一些的线条将画面前景部分勾勒出来。

12. 边线组合

这种技法着重处理物体形状的轮廓线以及各形状之间的关系，还有形状与纸张边缘的关系。这种技法不表现色调变化，而是用线条（通常是闭合轮廓线）来画出物体，并让物体最靠外的边缘超出纸张的边缘。这种技法可强调出线描的效果，并能将一幅微不足道的作品变为一幅成功的效果图作品。

方法：在草图上，把物体的轮廓线连起来形成完整边界，并创造出"之"字形变化的边缘。这也许要多次尝试才能得到一个较好的结果。

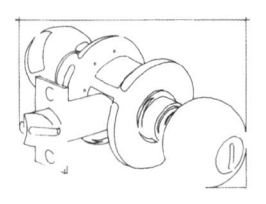

13. 抽象插图

抽象插图技法用于平面艺术中，不会运用到最终的效果图表现上。与轮廓线技法相当接近，它与轮廓线技法有密切联系，在画出来的各个封闭轮廓中填充纯色块。

方法：使用闭合轮廓线，将物体分成10个独立的色调，从白到黑标记为从 0 到 10。每个标记使用一种颜色，并用这些颜色填充到相应的区域。选用哪些颜色都是灵活的，但应该与所画对象联系起来。例如，天空和水景是不同的蓝色调，树木则是绿色调的组合。这种渲染形式可以产生强烈的视觉效果，对广告和平面设计作品很适用。它能促使绘制者以他们不习惯的方式来表达色调、形式和空间。

三、如何应用

14. 色调技法

色调技法是用色调来表现对象，而不是线条。人们认为它是效果最逼真的技法，画出来的东西栩栩如生。使用这种技法，要透彻地把握光影特点。用色调技法画出的效果图，通常是呈现给客户的最终作品。

方法：用线条简单轻微地勾勒出绘画对象，要轻微到最终成图看不出来的程度。使用彩色蜡笔、水彩或蛋彩从浅至深地去描绘画面。也可以使用喷枪，但这可能更费时一些。

15. 线条色调

用线条来渲染效果图，会在建筑行业被广泛使用，因为它速度快，且成品对客户非常有吸引力。这种技法适用于初期草图阶段，但如果绘制得比较精细的话，也可以作为最后的成稿。

方法：线条色调可以用铅笔、钢笔及马克笔来画。为了达到最好的效果，通常建议使用相对细的线；当然，不同线型的组合也会有很好的效果。研究和运用这种手法需要认真学习和掌握各种与线条有关的绘图原则（见第二章）。

16. 色调和线条结合

把色调变化和线条明暗结合起来使用，能使绘图更加灵活自由，这是许多专业人士的首选。这种技法结合了二者的优点并可与一系列技法结合使用。

方法：可以用马克笔或水彩来画色调，再用铅笔、彩色铅笔或钢笔和淡墨完成细节的绘制。绘图工具的选择是由画面的预期效果、绘图者的技能水平和绘图时间来决定的。

17. 点画法

点画法就是用点来表现色调的明暗变化。这种技法尽管费时，但能让画面呈现柔和精致的效果。这种技法最适合黑白表现，但也可以用钢笔淡彩来进行彩色表现。

方法：根据纸张大小选定点的粗细，在画面上重复绘制。通常比较小的点能得到更好的效果。暗部要运用较多的点，亮部用的点就要少一些。

18. 垂直和水平线条

垂直线条的技法和水平线条的技法，都是运用平行线来表现物体和区分色调。如同点画法一样，物体的形状是通过色调变化来表现的，而不是靠画出轮廓。这两种技法通常都使用钢笔和淡墨，非常用时，但是从远处观看，可以发现画面效果很有吸引力。

方法：选择粗细合适的线型，画的时候仅使用垂直线或水平线。线条之间距离越近，色调就越深。整个画面只使用同一条粗细的线条。

19. 交叉影线

交叉影线使用交叉线来区分色调变化和形状。建议使用铅笔或钢笔和淡墨来表现。虽然此技法相当费时,但是能呈现出相当棒的画面效果。

方法:如同垂直和水平线条技法一样,交叉影线通过线条的疏密度来显示明暗:线条挨得越近,色调就越深。交叉影线之间什么样的角度都可以,但要注意线条方向要尽量能强化描绘对象的形状。交叉影线的技法可以使用不同粗细的笔画,但较细的线条,效果好一些。

20. 电脑技术应用

电脑技术应用早已相当普遍,使用电脑既有优点也有缺点。其优点是可以让绘图者不必担心原稿被毁坏;能打印出光滑清晰的线条和边线;可以方便快速地试色。CAD 软件可以从三维视角来浏览空间,还可以通过空间序列中的行走路径来观察设计方案。当所有可能的视角都推敲过,设计者就可以挑选出最适合的视角作为最终成图。缺点就是把绘图者自动带入进了左脑思考模式,并且对于需要一定激情和想象力的效果图来说,在二维的电脑屏幕上工作,阻止了其创造力的产生和自由放松的状态。然而,电脑是非常重要且有用的工具,特别是对那些用时的任务来讲。电脑的运用应该与个人创造力以及本书中提到的创作技法相结合。

方法:市面上有很多软件及其参考图库,考察不同软件的功能。当你找到最适合你需要的软件时,使用它来创建草图所需的框架,并进行相应的渲染。

四、样例

以上讲解的相关样例见图 3-1~图 3-6。

第三章 表现技法

图 3-1 均使用毡头笔在 9 英寸 ×12 英寸（22.9 厘米 ×30.5 厘米）的素描纸上绘制。麦克·W. 林绘图工作室学员绘制，用时 5~25 分钟。

037

图 3-2 左上图：用钢笔和淡墨绘制在 8.5 英寸 ×11 英寸（21.6 厘米 ×27.9 厘米）的草纸上，用时 2 小时。中图、右上图：用铅笔绘制于 8 英寸 ×10 英寸（20.3 厘米 ×25.4 厘米）的素描纸上，用时 1 小时。左下图、右下图：钢笔绘制于 6 英寸 ×8 英寸（15.2 厘米 ×20.3 厘米）的素描纸上，用时 30 分钟~1 小时。均为麦克·W. 林绘图工作室学员绘制作品。

第三章 表现技法

图 3-3 左二图: 用毡头笔绘制于 8.5 英寸 ×11 英寸 (21.6 厘米 ×27.9 厘米) 白色描图纸上, 用时 1 小时。右图: 使用钢笔和淡墨绘制于 14 英寸 ×20 英寸 (35.6 厘米 ×50.8 厘米) 草图纸上, 用时 5 小时。均为麦克·W. 林绘图工作室学员作品。

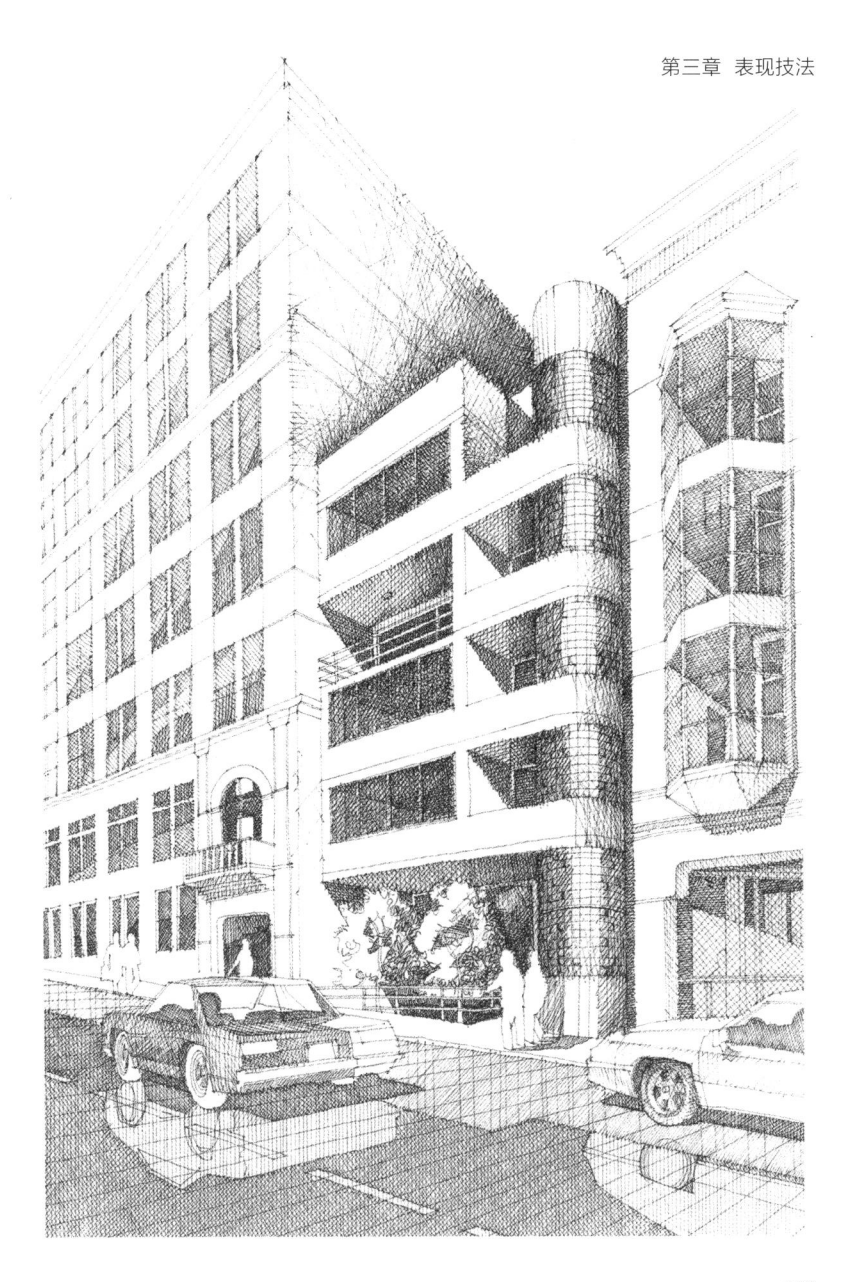

039

图 3-4　上二图: 用钢笔和淡墨绘制于 12 英寸 ×14 英寸（30.5 厘米 ×35.6 厘米）聚酯薄膜上，用时 2~4 小时。左下图: 用马克笔和毡头笔绘制于 24 英寸 ×36 英寸（60.9 厘米 ×91.4 厘米）速写纸上，用时 10 小时。右下二图: 用钢笔和淡墨绘制于 12 英寸 ×14 英寸（30.5 厘米 ×35.6 厘米）素描纸上，用时 30 分钟。

图 3-5 左上图：用马克笔、彩色铅笔和彩色蜡笔绘制于 24 英寸 ×36 英寸（60.94 厘米 ×91.4 厘米）的牛皮纸上，用时 4 小时。上中图：用彩色铅笔绘制于 16 英寸 ×20 英寸（40.6 厘米 ×50.8 厘米）彩通彩纸上（原稿为彩色照片），用时 32 小时。右上：用杂志上的碎片拼贴在 8.5 英寸 ×11 英寸（21.6 厘米 ×27.9 厘米）的复印纸上，用时 12 小时。右下图：用毡头笔和潘通色卡绘制于 10 英寸 ×12 英寸（25.4 厘米 ×30.5 厘米）图案纸上，用时 45 分钟。

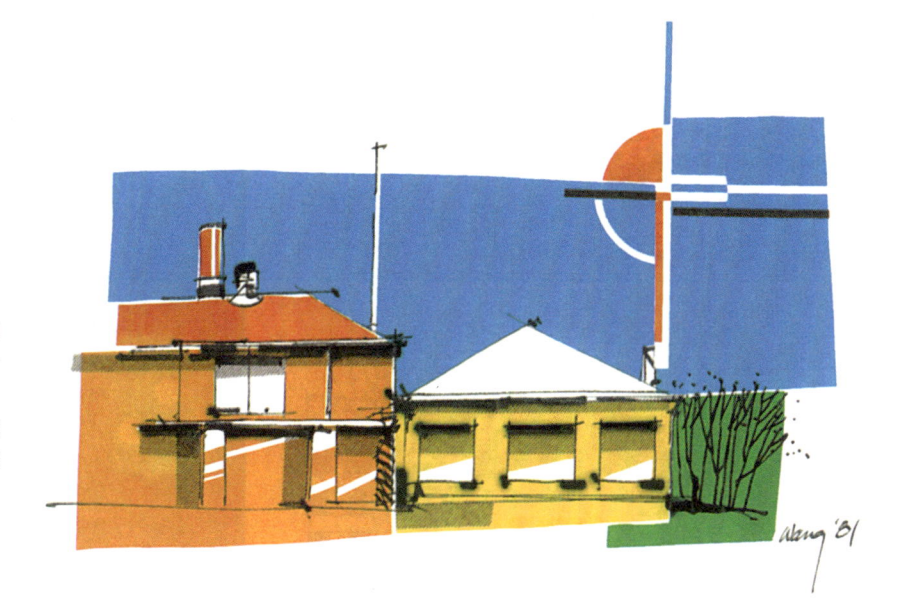

图 3-6 左上二图: 用 IOLINE LP3700 笔式绘图机绘制在 10 英寸 ×20 英寸（25.4 厘米 ×50.8 厘米）的计算机用纸上；右上图: 用 POINT LINE CAD 软件绘制于 6 英寸 ×10 英寸（15.2 厘米 ×25.4 厘米）的计算机用纸上；下四图: 用喷枪绘制于 20 英寸 ×30 英寸（50.8 厘米 ×76.2 厘米）的水彩纸上（原稿使用 CAD 软件），用时 80 小时（包括 CAD 绘制及渲染时间）。

第四章

表现形式

通常情况下,所有的效果图以及图例解说都可以通过使用下列3种表现形式中的任意一种来完成:干性工具、半湿工具和湿性工具。

干性工具不溶于水,通常便于擦除,易于携带和使用。干性工具可以很容易地产生对于大多数画作都需要的渐变效果。

半湿工具包括墨水和马克笔,虽然在使用时是湿的,但因为它们干得很快,所以把它们归类为半湿工具。在效果图中,无论是色调的过渡变化,还是线条明暗的过渡变化,半湿工具都可以做到。丰富的颜色选择和便捷的使用方法,让半湿工具成为初学者和专业人士的理想工具。

湿性工具在使用时需要水,并且它们可溶于水,比如水彩、蛋彩及水粉,这些颜色一般很难擦掉。一般而言,要将它们运用得当,需要很熟练的技巧,而且为了获得细微的变化,需要混合不同的介质。不过,湿性工具的优点也很明显,绘画者可以使用它来进行大块区域上色,并获得最大的颜色范围。

除了这3种基本的工具,在创造特殊效果时,还可以将这些工具混合使用,如湿性工具间的混合、湿性工具与干性工具的混合、干性工具间的混合。混合工具在进行修改或更正时特别有用。如蛋彩这样的不透明介质,可以很容易地把马克笔画出的颜色覆盖住。下面列出27种表现形式,其中有8种将会在下一章节进行详细探讨。

27种表现方式:

干性工具(铅笔和彩色蜡笔)
1. 普通铅笔
2. 木工铅笔
3. 黑色铅笔
4. 炭笔
5. 彩色铅笔
6. 彩色铅笔与黑色或棕色格纸
7. 普通彩色蜡笔
8. 彩色蜡笔与黄色描图纸

半湿工具(墨水和马克笔)
9. 普通墨水
10. 水墨
11. 彩色快速着色墨线勾边
12. 黑白快速着色墨线勾边
13. 普通马克笔
14. 马克笔与彩色铅笔结合
15. 马克笔用醋酸油墨覆盖
16. 马克笔与蛋彩和彩色蜡笔结合
17. 马克笔与黄色描图纸
18. 马克笔与(碳基)打印纸

19. 马克笔与聚酯薄膜
20. 马克笔与深褐色打印纸

湿性工具(水彩、蛋彩、喷枪以及丙烯)
21. 普通水彩
22. 水彩与墨线描边
23. 水彩与蛋彩混合
24. 普通蛋彩
25. 普通喷枪
26. 喷枪及墨线描边于深褐色打印纸上
27. 丙烯与墨线描边

在以上这些表现方式中，有 8 种工具是专业人士最常用到，它们是铅笔、彩色铅笔、彩色蜡笔、钢笔和淡墨、马克笔、水彩、蛋彩以及喷枪。下面将详细介绍这几种类型。对于绘画媒介有全面正确的了解，从而能够明智的进行选择，这对你画好效果图有极大的作用。在学习前，我们先回顾第二章中讲过的 45 个原则，为每种工具选择符合要求的材料。

下文将会对每种工具作出简要介绍，让读者有一个大致的了解，如它的基本特点、性能、局限性以及正确使用方法。然后列举了这些工具最常用的绘图材料，并通过简单的分步骤讲解来展示这些工具最佳途径。此外，还列举了一些技巧，可以帮助读者最大程度地运用这些工具，并运用插图来解释这些使用技法。最后，列举一些案例，来展示如何整合这些绘图原则。

一、铅笔

铅笔渲染可以分为两组：石墨铅笔和蜡质铅笔。铅笔的用途很广，可以通过笔挺的线条或调子来形成色调变化，因此它是很多专业人士的最爱。用铅笔渲染，特别是石墨铅笔，可以很容易地擦除干净，从而快速修改。在效果图中，一根铅笔可以画出许多色调。铅笔类型包括石墨铅笔、炭笔、美国三福黑色铅笔、其他蜡质铅笔等。尽管有时也用于最后的成稿，但铅笔最适宜的用途还是速写。

（一）选材

推荐的铅笔色号和品牌如下：No.2、HB、2B、6B、柯伊诺尔"黑人"2 号、沃尔夫 BB 号炭笔、鹰牌 314、狄克逊 303 号、木工铅笔 6B 色号等。

（二）步骤

1. 磨好笔尖，粗略描摹各个部分的形状。要把透视角度和草图处理好（如图 4-1）。

2. 在合适的纸上描绘出所需的轮廓，确定色调与留白，注意阴影和暗部。

3. 确定构图。运笔要用手腕和手臂，而不是手，运用 45°角来表现渐变效果。绘图时从纸张或绘制物体的一边画到另一边，从浅至深，避免弄脏画面。

4. 添加细节、暗部及阴影。完成绘制后，要马上喷上固定剂，使画迹固定。要使用可以更改的固定剂，

1. 起草大致的透视草图

2. 把想要的轮廓描绘到合适的纸上

3. 确定构图

4 添加细节、暗部及阴影

图 4-1

便于以后对原稿进行修正。

(三) 技巧

▶ 尽量减少使用橡皮。

▶ 利用笔画方向来强化描绘对象的轮廓。

▶ 沿着纸张的边缘起笔,或者用三角板或直尺的边缘停笔,这样可以产生一个轮廓线的错觉(图4-2)。

▶ 在纸张下面放肌理粗糙的材料,再用铅笔绘制,可以制造出画面的肌理感。

▶ 使用可塑橡皮或电动橡皮,擦出天空中的云彩或水中的浪花这样的高光区域。

(四) 案例

图4-3和图4-4体现了上述讲解过的原则。

图4-2

图4-3 左下图:使用铅笔绘制在8.5英寸×11英寸(21.6厘米×27.9厘米)的白色描图纸上,用时1.5小时。右上图:使用铅笔绘制在12英寸×16英寸(30.5厘米×40.6厘米)的素描纸上,用时2小时。

图 4-4 使用炭笔绘制于 14 英寸 ×20 英寸（35.6 厘米 ×50.8 厘米）草图纸上，用时 10 小时。

二、彩色铅笔

彩色铅笔可以增加画面的兴奋感。它们易于控制，能够快速画出光线及色调变化。彩色铅笔是一种非常适合效果展示的工具。

彩色铅笔的颜色多达120种，它们是蜡质铅笔，不像石墨铅笔那样能反光。它们防潮且不会褪色，可以在各种各样的基底上使用，如不同的纸板或者图纸，能产生多样的肌理效果。彩色铅笔渲染图可以不画轮廓线，如果运用得当，会得到相当逼真的效果。

彩色铅笔易于使用，既可用于快速设计研究，也可用于最后的成稿。不过，因为彩色铅笔线条过细，使用起来会比较用时。

（一）选材

美国三福彩色铅笔有48色或60色系列，也可以自行选择下列颜色组合在一起：白色、20%的暖灰色、50%的暖灰色、黑色；浅粉色、胭脂红、鲜红、绯红、橙色；乳白色、浅黄、赭黄、生赭、深褐色、桃红；青灰、苹果绿、橄榄绿、草绿、深绿；浅蓝色、纯蓝、哥本哈根蓝、靛蓝、碧绿色。

（二）步骤（图4-5）

1. 用红色铅笔在纸上画出大致草图。
2. 使用浅色打底。从纸面上的一边画到另一边。将每一只使用的彩色铅笔都要磨好笔头备用。学习后由浅及深过渡，并适当留白。
3. 继续绘制更深的颜色。不要忘记第二章的色彩原则。
4. 最后用黑色铅笔勾勒轮廓线，还可以用它来加深需要加深色调的部分。根据需要添加细节。当画作完成时，使用固定剂来保存，以防画面被弄脏。

1. 用红色铅笔大致起草
2. 使用浅色打底 
3. 继续绘制深颜色 
4. 使用黑色铅笔勾勒轮廓并添加细节 

图4-5

(三) 技巧

▶ 学习铅笔渲染的技法。

▶ 从最浅的颜色开始，学习后逐渐加深。

▶ 使用光滑纹理的画纸会获得较为清晰和真实的效果。

▶ 不要凭数量取胜。当你选定了一种颜色学习后，在图中的每个物体上都要重复使用它，但是树上要多运用绿色，树干多添加些棕色，天空增加更多蓝色。

▶ 使用对比色来活跃画面。比如，在草地上添加红色，蓝天中添加橙色，或给紫色椅子加上黄色的靠垫。

▶ 尽量使用大地色系的颜色。避免使用鲜艳的颜色，以达到更为逼真的效果。

▶ 使用黑色铅笔勾勒出轮廓线并添加细节。

▶ 使用黑色铅笔在各个部分轻轻擦划，将色调加深，创造出平衡的色彩效果。这种处理通常是在所有颜色都画上学习后进行。

(四) 案例

以下几张图包含了前文中探讨过的绘画技法。

图 4-6 使用彩色铅笔绘制于 10 英寸 ×16 英寸（25.4 厘米 ×40.6 厘米）的黄色描图纸上，用时 1~2 小时。麦克·W. 林绘图工作室学员绘制。

第四章 表现形式

图 4-7 使用彩色铅笔绘制于 10 英寸 ×16 英寸（25.4 厘米 ×40.6 厘米）的黄色描图纸上，用时 1~2 小时。麦克·W. 林绘图工作室学员绘制。

图 4-8 使用彩色铅笔绘制于 8.5 英寸 ×11 英寸（21.6 厘米 ×27.9 厘米）的影印纸（原稿使用钢笔和淡墨绘制于草图纸上），用时 8 小时。

三、彩色蜡笔

对于速写来说，彩色蜡笔的效率很高，可以用于快速覆盖大面积区域。蜡笔的颜色范围也很广，可以选择适当的颜色在整张图中使用，或者在其他介质的重要部分中应用。彩色蜡笔有时显得有些凌乱，因此常常不被重视。然而用它渲染线条，可以产生一种几近于水彩的效果。强烈推荐使用彩色蜡笔来渲染天空、湖泊和其他水景，以及有细微色调变化和纹理精致的大面积区域。

（一）选材

可选埃博哈德牌彩色蜡笔、格伦巴赫金牌彩色蜡笔、12 或 24 色方棒彩色蜡笔。

（二）步骤（图4-9）

1. 使用红色铅笔或普通铅笔，轻轻地在纸上画出草图。
2. 用彩色蜡笔在画面上添加想要的基底颜色。从浅色调画到深色调，从纸一边画到另一边，以防弄脏画面。
3. 继续添加较深的颜色，然后喷上固定剂以防画面被污染。当所有的颜色都绘制完成后，整幅画面都要喷上固定剂。
4. 使用黑色铅笔给整幅图勾勒轮廓线，然后用其他颜色的铅笔绘制那些蜡笔无法画的细节。最后，在整个图纸上涂上透明的塑料固定剂以保存图纸。

1. 使用红色铅笔大致打草稿

2. 用彩色蜡笔添加想要的基底颜色

3. 继续添加较深的颜色

4. 使用黑色铅笔勾勒轮廓并添加细节

图 4-9

（三）技巧

▶ 把蜡笔处理成便于使用的大小。用它的边轻轻擦画着色，避免画出太过生硬的线条（如图 4-10）。

▶ 如果需要营造一个精细的肌理，如天空、水景或草坪，可使用指尖或混合棒去处理表面和色调变化。

▶ 永远从所画对象的一个边缘开始上色，画到另一个边缘的时候停笔，期间不断改变运笔力度从而形成渐变的效果（图 4-11）。

▶ 遵循色彩使用原则（见第二章）。一旦选定了一种颜色，它需要在画面的每个物体及区域上重复使用。

▶ 把粗糙纹理的纸张放置在渲染图下面，可以使画面得到多种多样的肌理。简单地在原画上使用彩色蜡笔，肌理感仍可以显示出来。

图 4-10

图 4-11

（四）图例

参看图 4-12 和图 4-13，图中都运用到了上述探讨的技法。

第四章 表现形式

图 4-12 使用彩色蜡笔绘制于 20 英寸 ×30 英寸（50.8 厘米 ×76.2 厘米）的白色描图纸上，用时 1 小时。

图 4-13 彩色蜡笔绘制于 18 英寸 ×24 英寸（45.7 厘米 ×60.9 厘米）的黄色描图纸上，用时 5 小时。

四、钢笔和墨水

对于专业设计人员来说,钢笔和墨水可能是最常用的表现黑白色的绘制工具。从毡头笔到工艺笔都可以使用该方法,使用的方式可以是徒手也可以用其他工具辅助。其不透明的特点,使它成为黑白复制品及印刷品的理想选择。墨水是不能擦除的,肌理和明暗值变化需要通过线条色调的组合来构建:点、垂直线或水平线交叉影线以及随意涂鸦的模式都可能用到。钢笔和墨水可以与其他工具结合使用,最常被用作上色学习前的打底。彩色铅笔、马克笔、水彩、丙烯以及喷枪都可以结合使用。单靠钢笔和淡墨技法所表现的色调变化并不是很真实,需要其他工具的辅助才能获得最佳效果。

(一)选材

红环针管笔套装(000-4)、美国三福针管笔、弗莱尔毡头笔、百乐毡头笔、犀飞利毡头笔以及乐彭毡头笔。

(二)步骤（图4-14）

1. 用铅笔在纸上画一个透视草图。
2. 添加元素并调整构图。
3. 用钢笔和墨水在图纸上描出所需的轮廓。
4. 用第三章介绍过的技法添加细节、暗部及阴影。

(三)技巧

▶ 在勾画渲染图时,尽量使用最细的线条。

▶ 通过改变线条的粗细来形成画面的纵深感:靠前的物体用较粗的线条,后面的物体用细线条。

▶ 对于这项技法来说,正确地描绘暗部和阴影极为重要。

▶ 一般来说,使用机械线会更快一些,徒手线会花费更多时间,因为要沿着构建好的机械线再描一遍。而徒手线可以让画面更加舒适和随意。

▶ 在蜡膜草图纸及聚酯薄膜上绘画时撒一些吸墨粉,可以防止笔滑。

▶ 试着用不同颜色的墨水代替黑色。比如,棕色墨水能给画面带来一个特别柔和愉快的视觉效果。

1. 起草透视草图

2. 添加元素并调整构图

3. 用钢笔和墨水在另一张图纸上描出所需的轮廓

4. 添加细节、暗部及阴影

图4-14

（四）图例

详见图 4-15 和图 4-16，图中都运用到了上述探讨的技法。

图 4-15　左图：钢笔和墨水绘制于 24 英寸 ×30 英寸（60.9 厘米 ×76.2 厘米）的草图纸上，用时 10 小时。右上图、右下图：钢笔和墨水绘制于 12 英寸 ×18 英寸（30.5 厘米 ×45.7 厘米）的聚酯薄膜上，用时 4~6 小时。

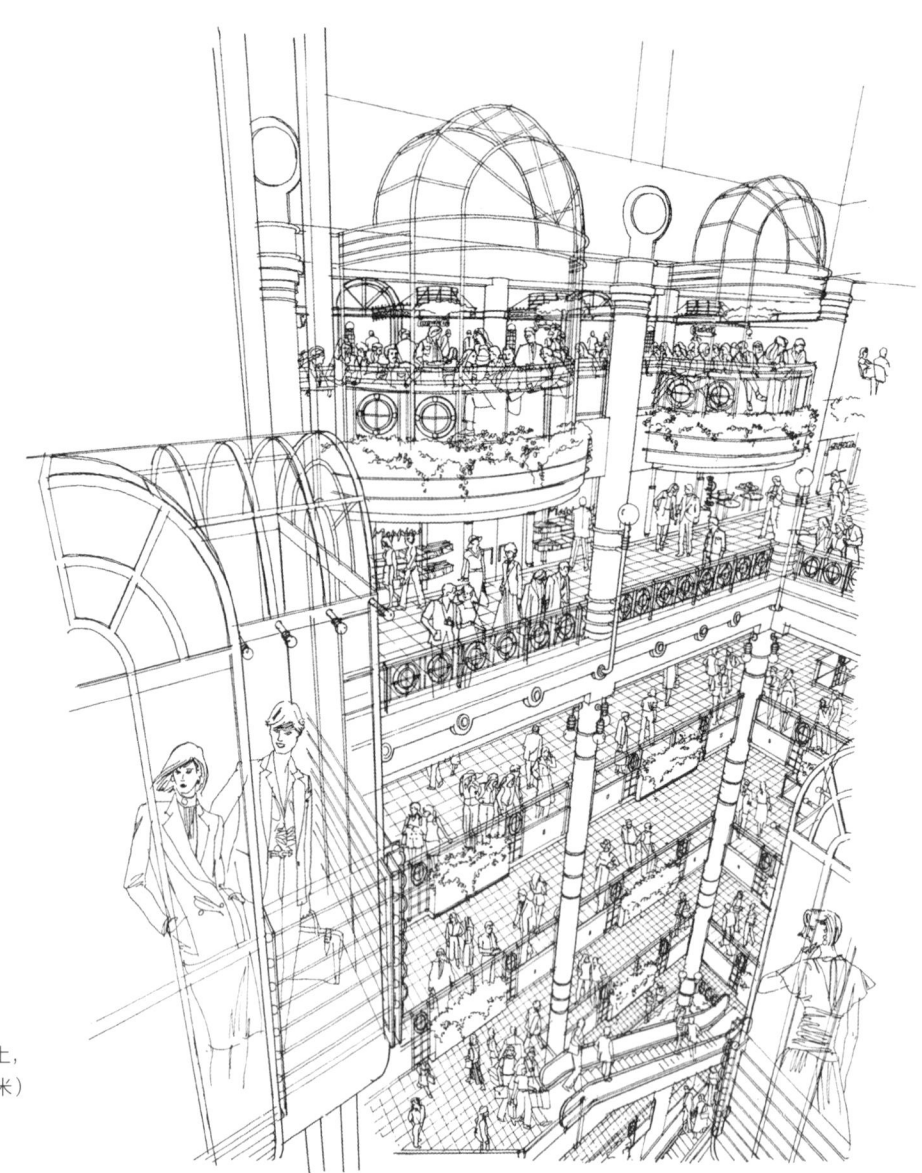

第四章 表现形式

图 4-16　均用钢笔和墨水及毡头笔绘制于 16 英寸 ×24 英寸（40.6 厘米 ×60.9 厘米）的草图纸上，用时 4~6 小时。

057

建筑绘图与设计进阶教程

1. 用红色铅笔大致起草图

2. 用钢笔和墨水描出所需的轮廓,并在草图纸上添加细节

3. 用马克笔在晒图纸上绘制打底色

4. 用彩色铅笔添加更深的颜色和细节

图 4-17

五、马克笔

与其他工具不同,马克笔使用时是湿的,但画出来的笔画马上就能干透。它这种性能有点像钢笔类工具使用水彩的效果。不需要混合颜色或使用画笔就可以很容易地获得逼真的色彩。这种工具用途很广,有广泛的颜色、多种类型的笔头可供选择,还可以与其他工具很好地兼容,如彩色铅笔等。

不同于其他湿性工具,马克笔几乎能用于任何纸张上,包括草图纸和描图纸,从而可以获得不同的色调和效果。然而,如果长时间暴露在阳光直射下,原稿可能会随着时间的推移而褪色。如果仅以展示为目的,就可以通过拍照或复印原件来防止褪色。

(一)选材

马克笔有多种颜色,可以根据用途来进行搭配。

(二)步骤(图4-17)

1. 首先使用红色铅笔或普通铅笔画出草图。

2. 在草图纸上,用铅笔或钢笔和墨水描出所需的轮廓并添加细节。

3. 在晒图纸上,先从最浅的颜色开始,一次集中绘制一个物体,逐渐加上较深的马克笔颜色,从而得到较好的融合效果,并防止出现水印(图4-18)。

4. 用彩色铅笔或其他工具添加更深的颜色和细节,以完成这幅画。

(三)创造渐变效果的步骤

1. 同一色系的马克笔,限定3~5种从浅到深的不同色调(图4-19)。

2. 在整个区域垂直涂抹几遍最浅的颜色(图4-20)。

3. 当最浅的颜色仍然是湿的时候,使用下一个较深的颜色覆盖大约三分之二的区域。在此区域右边缘处涂抹几次以保持湿度(图4-21)。马上使用第一种颜色,在两种颜色相交的地方垂直涂抹几次,直到线条变得不那么突出(图4-22)。

4. 当第二种颜色还是湿的时候,用更深的颜色覆盖剩下的三分之一的区域,向右边运笔(图4-23)。立刻涂抹第二种颜色来减弱两种颜色之间的线条(图4-24)。

5. 若有更多的颜色,则重复使用此步骤。最后使用无色的晕染笔晕染整个画面,可以让画面有一种柔和的如水彩渲染般的感觉。

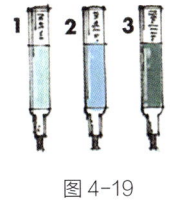

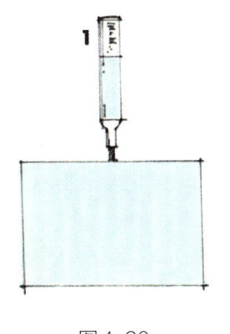

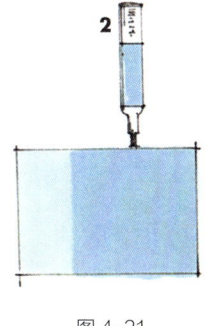

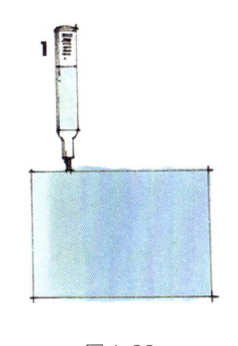

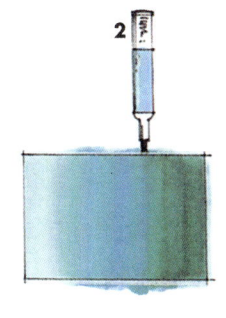

图4-17

图4-19

图4-20

图4-21

图4-22

图4-23

图4-24

（四）技巧

▶ 当原始图纸的轮廓线不容易看到时，要用黑色毡头笔再重新勾勒一次。色调越浅，图纸尺寸越小，应该使用的笔就越细。

▶ 用一种颜色叠加另一种颜色，可以得到新的颜色。例如，蓝色覆盖在黄色上可以得到绿色（图 4-25）。

▶ 想要画出条纹效果，在涂了一层颜色后，等待 2~3 分钟，干了之后再用同一支马克笔覆盖在需要的位置上（图 4-26）。

▶ 一种颜色绘制两层，在两层之间略微等待，会得到一个更深层次的色度。例如，绘制两层 4 号灰色，可以得到 5 号灰色（图 4-27）。

▶ 自己做一个马克笔色彩和色调的色谱表，可以在绘制时起到参考作用。

▶ 马克笔在干燥、炎热的环境下，很容易变干，应该存放在阴凉处。如果马克笔确实变干了，可以加入几滴轻质稀料或甲苯，也许还可以恢复使用，但这将在一定程度上降低色彩的明度。

▶ 用完的马克笔不要扔掉，干了的马克笔可以用来制造浅色调和特殊效果。

▶ 使用卡片、胶带或者其他适当的材料作为边框或盖住部分纸面，从而可以得到平滑的直线效果（图 4-28）。

▶ 用直尺（如三角板）画图通常会留下黑色污迹线。使用一条 1 英寸（2.5 厘米）宽的纸板作为直尺可以避免出现这个问题，因为马克笔的墨迹会被吸收到纸板中，不会留在线条上。

▶ 可以使用白色铅笔来制造出一种糅合的、粗糙的渐变效果。用白色铅笔从一边涂到另一边，力度逐渐减少（图 4-29）。

▶ 如果需要的话，使用白色铅笔或绘制白色墨水来添加高光。

▶ 用同样的色彩画垂直笔画，可以在平坦的表面做出光亮效果。

▶ 画错的地方，可以使用较暗的颜色或不透明的颜料覆盖它，如蛋彩覆盖上，或者简单地把这块图纸剪裁下来，贴上新纸，再重新绘制一遍。

（五）图例

详见图 4-30~图 4-34，图中都运用到了上述探讨的技法。

图 4-25

图 4-26

图 4-27

图 4-28

图 4-29

第四章 表现形式

图 4-30 均使用马克笔、彩色铅笔及毡头笔绘制于 19 英寸 ×24 英寸（48.3 厘米 ×60.9 厘米）的马克纸上，用时 1~2 小时。均为麦克·W. 林绘图工作室学员绘制。

061

图4-31 使用马克笔绘制于10英寸×14英寸(25.4厘米×35.6厘米)的马克纸上,用时30分钟。麦克·W.林绘图工作室学员,均使用马克笔、彩色铅笔,及毡头笔绘制于19英寸×24英寸(48.3厘米×60.9厘米)的马克纸上,用时1~2小时。

第四章 表现形式

图 4-32 用马克笔和毡头笔绘制于 24 英寸 ×36 英寸（60.9 厘米 ×91.4 厘米）速写纸上，用时 8~12 小时。

063

图4-33 上二图：均用马克笔绘制于24英寸×36英寸（60.9厘米×91.4厘米）的黑色线条晒图描图纸上，用时20小时（原图用铅笔绘制在聚酯薄膜上）。左下图：用马克笔绘制于36英寸×42英寸（91.4厘米×106.7厘米）的黑色线条晒图纸上（原图用毡头笔绘制于白色描图纸上），用时8小时。右下图：使用马克笔绘制在于8英寸×12英寸（20.3厘米×30.5厘米）的深褐色打印纸上（原稿使用铅笔绘制十描图纸上），用时3小时。

图4-34　使用马克笔、彩色铅笔以及蛋彩绘制于13英寸×20英寸（33.02厘米×50.8厘米）的黑色线条晒图纸上（原稿用钢笔和淡墨绘制于草图纸上），用时30小时。

六、水彩

水彩画是最古老的艺术形式之一，绘制水彩是最难掌握的一种技法。水彩不像其他工具那样容易操作和修改。然而，正是这种不可控的特性，它成为令人兴奋的工具。通常，水彩可以产生一些看上去不可思议的效果，而画家只是偶尔才能用其他介质获得这种效果。

使用水彩有两种方式：一种是使用铅笔轻轻地在纸上绘制轮廓，然后再用水彩渲染；另一种是使用钢笔和淡墨，勾勒出图形，然后使用水彩。第二种方法比较简单，可以让图像清晰呈现。

水彩的表现技法需要练习。一旦掌握了使用方法，就可以进步得很快，尤其是对天空和水面大面积泼洒的应用。水彩也是一种可以让画家在工作时能够放松下来的工具。

（一）选材

3号、8号圆笔刷，1英寸（2.5厘米）宽扁平笔头；固定水彩纸的画框；盐；小折刀；调色盘。温莎·牛顿水彩颜料：温莎蓝、钴蓝、镉红、镉黄、暗红、象牙墨、深褐、黄赭、熟褐、棕褐色、塔洛绿、霍克绿（中号）。

（二）步骤

1. 用铅笔在描图纸上画出大致草图。
2. 把草图誊到合适的水彩纸或画板上。
3. 如果需要的话，可以使用火头铅笔或钢笔和淡墨，仔细勾勒出整幅画的轮廓。
4. 先画天空和地面，等它们干透再进行下一步。从浅到深，慢慢去渲染。
5. 绘制细节和环境。

（三）技巧

▶ 复习并研究第二章介绍的色彩原则。

▶ 正确选择高质量的画纸和画笔至关重要。根据所画对象来选择画笔大小：大号笔用于画天空，小号笔用于画细节。

▶ 注意随时会出现的意外效果。

▶ 画天空和地面这样的大片区域，或需要渐变的元素时先用清水涂在绘制区域等到纸上的水渍消失后，立即上色（图4-35）。

▶ 将深褐色与霍克绿混合来绘制植物，用普鲁士蓝和朱红色混合来制造灰色调。还可以将任何一种需要的颜色与棕褐色、灰色或黑色混合以达到颜色的和谐、一致性以及大地色系的观感。

▶ 使用彩色蜡笔、蜡烛、纸张或其他东西覆盖在需要留白的区域，留下适当的空白。

▶ 使用小刀等锋利的工具在纸上刻划，制造出有意思的纹理。在画面未干的时候就用刀刻划，可以得到深色的纹理。在颜料干后刻划，可以得到白色的高光，则（图4-36）。

▶ 当表面未干时，在纸上撒上盐，当盐与水发生反应时，会产生一种特殊的肌理效果（图4-37）。

图 4-35

图 4-36

图 4-37

（四）图例

详见图4-37~图4-40，图中都运用到了上述探讨的技法。

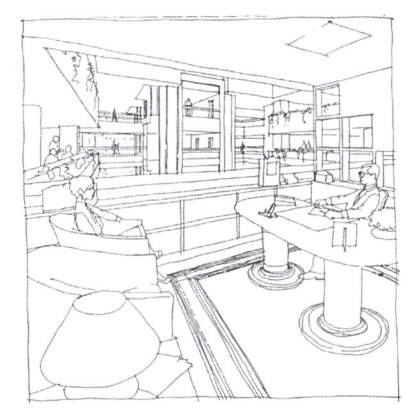

第四章 表现形式

1. 大致勾勒草稿，用墨水描出轮廓

2. 快速地用水彩表现出色调

3. 用钢笔和淡墨绘制

4. 使用水彩绘制

图 4-38

图 4-39 均使用钢笔和淡墨和水彩绘制于 10 英寸 ×12 英寸（25.4 厘米 ×30.5 厘米）的水彩纸上，用时 1 小时。

图 4-40 上二图：均使用水彩绘制于 10 英寸 ×12 英寸（25.4 厘米 ×30.5 厘米）的水彩纸上，用时 6 小时。左下图：使用水彩绘制于 22 英寸 ×30 英寸（55.9 厘米 ×76.2 厘米）的水彩板上，用时 14 小时。右下图：使用水彩绘制于 16 英寸 ×20 英寸（40.6 厘米 ×50.8 厘米）的水彩纸上（原稿使用钢笔和淡墨绘制于草图纸上），用时 14 小时。

图 4-41 左上图、左下图：均使用水彩绘制于 7 英寸 ×9 英寸（25.4 厘米 ×35.6 厘米）的水彩纸上（原稿是使用钢笔和淡墨绘制于草图纸上），用时 15~20 小时。右上图：使用水彩绘制于 12 英寸 ×16 英寸（30.5 厘米 ×40.6 厘米）相片纸上（原稿使用钢笔和淡墨绘制于草图纸上），用时 20 小时。右下图：使用水彩绘制于 7 英寸 ×9 英寸（25.4 厘米 ×35.6 厘米）的水彩纸上（原稿使用钢笔和淡墨绘制于草图纸上），用时 20 小时。

七、蛋彩

不同于水彩，蛋彩是一种不透明的水性介质。不透明性让它比水彩更好掌握，便于绘图者进行修改。它也可以作为其他色彩工具的极好补充，尤其是马克笔。它非常适合用来添加细节，如人物、汽车、植物等元素。它也可以绘制于各种材质上，包括纸板和特定的纸张。

在使用蛋彩时，要试着从背景画到前景，以免把前景的物体遮盖住。不过在绘制细节时，适当的遮盖也是必需的，可以防止周围环境也被涂上颜料。初学者需要花费大量时间和练习来掌握蛋彩。

（一）选材

3号，8号圆笔刷；1/4英寸（0.6厘米）、3/8英寸（0.9厘米）、1英寸（2.5厘米）及2英寸（5厘米）宽扁平笔头；胶带；绘图白色墨水；蓝色水彩；水粉颜料：深褐色，熟褐，深黑，石榴红，永固深绿，金黄色，柠檬黄。

（二）步骤（图4-42）

1. 使用铅笔在纸上画出草图。用复写纸将草图誊到图板上。用遮挡材料遮住建筑、道路、停车场等。用丙烯颜料绘制天空和地面，丙烯颜料较为稳定，不容易被破坏。

2. 把遮挡材料揭开，在画面上重新覆盖上一层遮挡材料，把要绘制的区域露出来，如建筑、窗户、屋顶等。

3. 重复上述操作，继续绘制停车场及其他区域，如中景和前景的细节等。

4. 最后，添加必要的元素，如人物、植物、汽车及喷泉等。

（三）技巧

▶ 在彩色画板上绘图。例如，如果要绘制一栋米色的建筑，那就选择一个米色的图板，这样有一部分建筑就不必绘制了。

▶ 按照从远景到近景渲染，前景使用较深的色调。

▶ 使用丙烯来绘制大面积的区域，如前景的草地。在绘制过程中，丙烯相对稳定，而且水珠滴在图纸上也不会产生水渍。

▶ 使用喷枪和蜡笔来表现天空，可以得到更真实的效果。

▶ 用宽刷笔在硫酸纸上刷一层薄稀料，就可剪切出各种形状，作为遮挡纸使用。

▶ 制作一个T形尺子，以供用刷笔画直线。也可以使用建筑师专用的丁字尺。

（四）图例：

详见图4-43~图4-45，图中都运用到了上述探讨的技法。

1. 把草图誊到画板上，并渲染天空、背景和地面

2. 渲染建筑物

3. 加上中景的树木和前景的细节

图4-42

4. 添加环境元素

图 4 43 使用酪蛋白颜料绘制丁 12 英寸 ×20 英寸（30.5 厘米 ×50.8 厘米）水彩图板上，用时 30 小时。

第四章 表现形式

图 4-43　左图：使用酪蛋白颜料绘制于 16 英寸 ×22 英寸（40.6 厘米 ×55.9 厘米）水彩图板上，用时 50 小时。右图：使用蛋彩绘制于 28 英寸 ×36 英寸（71.2 厘米 ×91.4 厘米）的插画图板上，用时 30 小时。

073

图 4-45 使用水粉绘制于 18 英寸 ×24 英寸（45.7 厘米 ×60.9 厘米）的插画图板上，用时 48 小时。

八、喷枪

喷枪技术可能代表了最复杂的色调或色彩应用形式。喷枪将颜料、水与空气混合，产生细雾或喷雾。喷枪的色调变化由空气和颜料的喷散来控制，可以做到非常均匀的明暗变化。

喷枪渲染既需要时间，又需要耐心。在绘制前和绘制过程中，有些区域必须要仔细地覆盖住。喷枪使用得当，可以得到非常真实的效果。

常规喷枪技法可以在没有轮廓线的情况下，绘制出色调变化，不过用喷枪绘制轮廓线非常容易。喷枪快速变干的特性，结合它逼真的画面感，使得它非常适合用来绘制建筑效果图。

喷枪一般有两种类型：单次操作喷枪和双次操作喷枪。单次操作喷枪只有一个扳机，按下扳机后可以释放颜料和空气。扳机扣得越深，释放出的空气和颜料就越多，色调就会越深。双次操作喷枪也有一个扳机，但扣动扳机只释放空气。反向扣动扳机时，可以添加颜料。双次操作喷枪质量更好，推荐使用。

喷枪的气源可使用瓶装或罐装压缩空气，也可以用气泵。

（一）选材

巴杰尔 100 号喷枪系列，派许 VL 款或赛耶·钱德勒 A 款；喷枪墨，水彩或水粉，气泵，助燃器或喷雾套装；遮盖画面的材料；美工刀；胶带。

（二）步骤（以渲染立方体为例）

1. 先用铅笔勾勒一个立方体。如果使用纸张，应将其固定在泡沫板上，以避免翘曲变形。

2. 在整个画面上盖上遮挡纸，用美工刀沿着立方体的边线轻轻裁切。有的草图可以直接画在遮挡纸上，这样在完成的图纸上就看不出来线了。

3. 从最暗的地方揭开遮挡纸，用喷枪轻轻上色（图 4-46）。

4. 从下一个较浅的区域揭开遮挡纸，跟上一个区域一起喷涂。现在，最暗的地方就已经喷过两次了（图 4-47）。

5. 重复此过程（图 4-48），直到最浅的地方也被喷上颜色为止（图 4-49）。如果画面中有 4 个不同的色调，那么最浅的色调喷一次，最暗的区域喷 4 次。这种技法不仅只使用一张遮挡纸就足够了，而且可以防止多次使用遮挡纸所造成的空白缝隙。

（三）技巧

▶ 要缓慢均匀地喷涂颜料。气泵压力一定的情况下，离画面越近，色调就会越深。除非需要刻画细节，否则一般建议从离画面较远的位置开始，逐渐靠近画面。

▶ 在物体左右 3~5 英寸（7.6~12.7 厘米）处喷绘，以获得均匀的色调。

▶ 使用低黏性的胶带，或者是容易裁切、撕除的遮挡纸。此外，使用透明的遮挡纸可以看到原始画面。

▶ 当开始遮挡画面时，一定要覆盖足够多的区域。喷枪喷出的细雾可能会喷到遮挡纸以外的区域。推荐初学者选用水粉或蛋彩.喷枪每次使用后都要清洗干净，这会延长它的使用寿命。

（四）图例

详见图 4-50~图 4-51，图中都运用到了上述探讨的技法。

图 4-46　　　　图 4-47 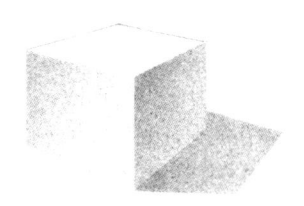　　　　图 4-48 　　　　图 4-49

图 4-50　使用喷枪绘制于 20 英寸 ×30 英寸（50.8 厘米 ×76.2 厘米）的棕色打印纸上（原稿使用钢笔和淡墨绘制于草图纸上），用时 10 小时。

图 4-51 使用喷枪绘制于 24 英寸 ×36 英寸（60.9 厘米 ×91.4 厘米）的相纸上（原稿使用钢笔和淡墨绘制于草图纸上），用时 10 小时。

九、工具对比

在图 4-52~图 4-54 的各幅作品中，不同的工具绘制了同样的对象。研究这些作品的不同效果，将可以帮助你根据绘制不同的物体，选择合适的工具。如图 4-55 所呈现的建筑，就是采用了前文所列举的 20 种表现技法和 27 种表现形式来绘制的。总结概括可以扩宽合适表现形式的选择范围。

十、矩阵图表

84 页是一张矩阵图表，它提供了一个简单的方法来评估表现技术和类型。图表的横纵两边都进行了细致划分：表现技法栏被分为"如何观察""如何绘画"和"如何运用"，表现工具栏也根据"干性工具""半湿工具""湿性工具"进行分类。每种表现技法和工具类型都可以相互交叉参照，方便在图表中很快查出。红点代表适合某工具的最佳表现技法，空白代表不适合或效果不佳。

每一种技法和工具的所需时间、客户满意度、水平等级和作品价值也在图表中列举了出来。例如，判断为连续线条的技法，最合适的表现类型是使用铅笔、彩色蜡笔、淡墨和马克笔。然后在同一列中列出所涉及的绘制时间、客户满意度、水平等级和画作价值。

这张矩阵图表只是一个指南，而不是硬性规则。不要让它阻止你自己的尝试。

图 4-52　使用毡头笔、彩色蜡笔、彩色铅笔和水彩，分别绘制于 8 英寸 ×10 英寸（20.3 厘米 ×25.4 厘米）马克纸及水彩纸上，均用时 1 小时。

图 4-52

第四章 表现形式

图 4-53

图 4-54 上二图：使用铅笔及毡头笔绘制于 11 英寸 ×15 英寸（27.9 厘米 ×38.1 厘米）铜版纸上，各用时 1 小时。左下图：使用彩色铅笔绘制于 11 英寸 ×15 英寸（27.9 厘米 ×38.1 厘米）马克纸上，用时 1 小时。右下图．使用彩色蜡笔绘制丁 11 英寸 ×15 英寸（27.9 厘米 ×38.1 厘米）马克纸上，用时 1 小时。

第四章 表现形式

图 4-55 左上图：使用马克笔和毡头笔，绘制于 10 英寸 ×15 英寸（25.4 厘米 ×38.1 厘米）马克纸上，用时 30 分钟。右上图：使用水彩绘制于 10 英寸 ×15 英寸（25.4 厘米 ×38.1 厘米）水彩纸上，用时 1 小时。左下图：使用蛋彩，绘制于 10 英寸 ×15 英寸（25.4 厘米 ×38.1 厘米）马克纸上。右下图：使用喷枪绘制于 10 英寸 ×15 英寸（25.4 厘米 ×38.1 厘米）马克纸上，用时 3 小时。

20 种表现技法

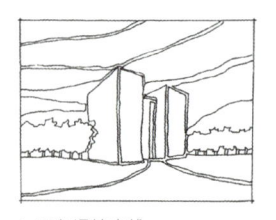

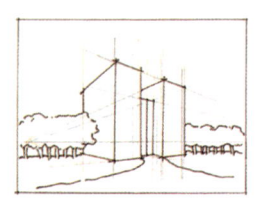

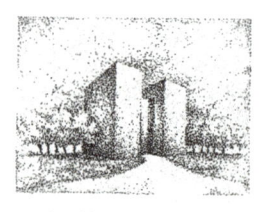

1. 双色调轮廓线	5. 单色	9. 结构线	13. 抽象插图	17. 点画法	1. 普通铅笔
 2. 强烈对比	 6. 照片渲染研究	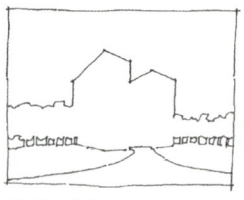 10. 正向和负向	 14. 色调技法	 18. 垂直和水平线条	2. 木工铅笔
3. 10 色调轮廓线	7. 拼贴技法	11. 叠加边线	15. 线条色调	 19. 交叉影线	3. 黑色铅笔
4. 单 色调	8. 连续线	12. 边线结合	16. 色调和线条结合	 20. 电脑技术应用	 4. 炭笔

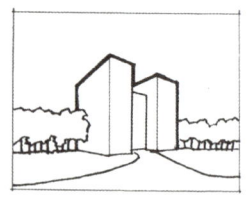

图 4-56 以建筑为主体，绘图分析各种表现技法和表现工具的特点。

第四章 表现形式

27 种表现工具

5. 彩色铅笔	 9. 普通墨水	 13. 普通马克笔	 17. 马克笔与黄色描图纸	 21. 普通水彩	 25. 普通喷枪
 6. 彩色铅笔与黑色或棕色格纸	 10. 水墨	 14. 马克笔与彩色铅笔结合	 18. 马克笔与（碳基）打印纸	 22. 水彩与墨线描边	 26. 喷枪及墨线描边于深褐色打印纸上
 7. 普通彩色蜡笔	 11. 彩色快速着色墨线勾边	 15. 马克笔用醋酸油墨覆盖	 19. 马克笔与聚酯薄膜	 23. 水彩与蛋彩混合	 27. 丙烯与墨线描边
 8. 彩色蜡笔与黄色描图纸	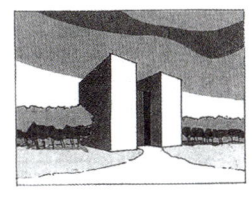 12. 黑白快速着色墨线勾边	 16. 马克笔与蛋彩和彩色蜡笔结合	 20. 马克笔与深褐色打印纸	 24. 普通蛋彩	 Rendered by the class of January 1992, Mike Lin Graphic Workshop. 以上均由麦克·W. 林绘图工作室设计效果图绘制培训班学员绘制

083

技法与工具图表

表现技法	表现工具 干性工具（铅笔和彩色蜡笔）								半湿工具（墨水和马克笔）												湿性工具（水彩，蛋彩，喷枪以及丙烯）							所需时间	客户满意度	水平等级	画作价值
	1.普通铅笔	2.木工铅笔	3.黑色铅笔	4.炭笔	5.彩色铅笔	6.彩色铅笔与黑色或棕色格纸	7.普通彩色蜡笔	8.彩色蜡笔与黄色描图纸	9.普通墨水	10.水墨	11.彩色快速着色墨线勾边	12.黑白快速着色墨线勾边	13.普通马克笔	14.马克笔与彩色铅笔结合	15.马克笔用醋酸油墨和彩色描图纸	16.马克笔与蛋彩色蜡笔结合	17.马克笔与黄色描图纸	18.马克笔与（炭墨）打印纸	19.马克笔与聚酯薄膜	20.马克笔与深褐色打印纸	21.普通水彩	22.水彩与墨线描边	23.水彩与蛋彩混合	24.普通蛋彩	25.普通喷枪	26.喷枪反墨线描边于深褐色打印纸上	27.丙烯与墨线描边				
如何观察																															
1. 双色调轮廓线	•	•	•	•					•																			1	1	1	1
2. 强烈对比			•	•		•	•		•												•			•				1	2	1	2
3. 10色调轮廓线	•	•	•	•																								2	1	2	1
4. 单一色调																												2	2	2	2
5. 单色	•	•	•	•	•				•					•							•			•				3	3	3	4
6. 照片渲染研究			•	•	•							•				•			•									5	5	5	5
7. 拼贴技法																												5	1	3	1
如何绘画																															
8. 连续线	•	•	•	•	•				•				•															1	2	2	2
9. 结构线	•	•	•	•	•																							2	2	2	2
10. 正向和负向	•	•	•	•					•																			1	1	1	1
11. 叠加边线	•	•	•	•	•				•																			1	2	1	2
12. 边线组合	•	•	•	•	•																							2	2	3	2
13. 抽象插图	•	•	•	•	•				•												•	•						2	1	2	1
如何运用																															
14. 色调技法	•	•	•	•	•		•														•							4	5	5	5
15. 线条色调	•	•	•	•	•				•																			4	4	5	4
16. 色调和线条结合	•	•	•	•	•																•		•	•				5	5	5	5
17. 点画法	•	•	•	•	•																							5	3	3	4
18. 垂直和水平线条	•	•	•	•	•																							4	3	3	2
19. 交叉影线	•	•	•	•	•				•																			5	4	5	5
20. 电脑技术应用																												5	5	5	4
所需时间	3	3	2	3	3	5	4	2	4	2	5	4	3	3	4	4	4	3	2	4	3	5	4	5	5	5	5				
客户满意度	3	3	3	3	4	4	4	4	4	4	2	2	4	4	3	4	4	4	3	4	5	5	5	5	5	5	5				
水平等级	3	3	3	3	4	4	4	4	4	4	2	2	4	4	3	4	4	3	3	4	5	5	5	5	5	5	4				
作品价值	3	3	3	3	4	5	5	3	4	4	3	2	4	4	3	4	4	3	2	4	5	5	5	5	5	5	4				

所需时间
1 为用时最少　　5 为用时最多

客户满意度
1 为最不满意　　5 为最满意

水平等级
1 为水平要求最低　　5 为水平要求最高

作品价值
1 为价值最低　　5 为价值最高

第五章
文字书写

文字书写在设计项目的整体构成中是不可或缺的，它经常用于平面图、立面图、剖面图、草图和透视图中。文字书写得不好，会极大地影响效果图的质量。

一般来说，对于正式图纸和详细图纸，铅笔书写较为合适，而马克笔文字更适用于快速草图和演示图纸。下面的步骤将帮助你提高文字书写的技能。

一、铅笔书写

为了保持风格一致，要选择一种通用的字体样式，而不是过于个性化的字体。字体的形状应该保持方形，不要太长。通常字母高度应该不超过 1/2 英寸（1.3 厘米）（图 5-1）。

步骤

1. 用 2H、H 或 F 号铅笔画出格式线。或者，如果使用了三条辅助线，将中间线向上偏移（图 5-2）。

2. 削好铅笔，并使用"顿—走—顿"线去绘制所有笔画，但是不要在交角处有交叉（图 5-3）。

3. 用削好的铅笔头的宽边去绘制水平线，窄边绘制垂直线（图 5-4）。

4. 用三角板的直角边去绘制所有的垂直线，徒手绘制所有的水平线、曲线和斜线。水平线可以稍微向上倾斜以增加趣味性，但应该始终保持彼此平行（图 5-5）。

5. 字母的间隔要考虑各个字母所占的空间，而不是距离的均匀。尽量练习大写字母的书写，因为使用频率高（图 5-6）。图 5-7 是一个书写的范例。

图 5-1

图 5-2

图 5-3
好　　　不好

图 5-4

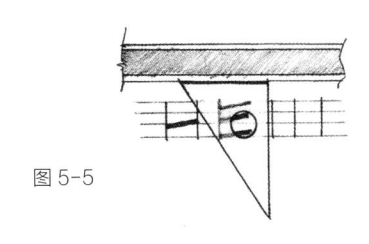

图 5-5

图 5-6
好　　　不好

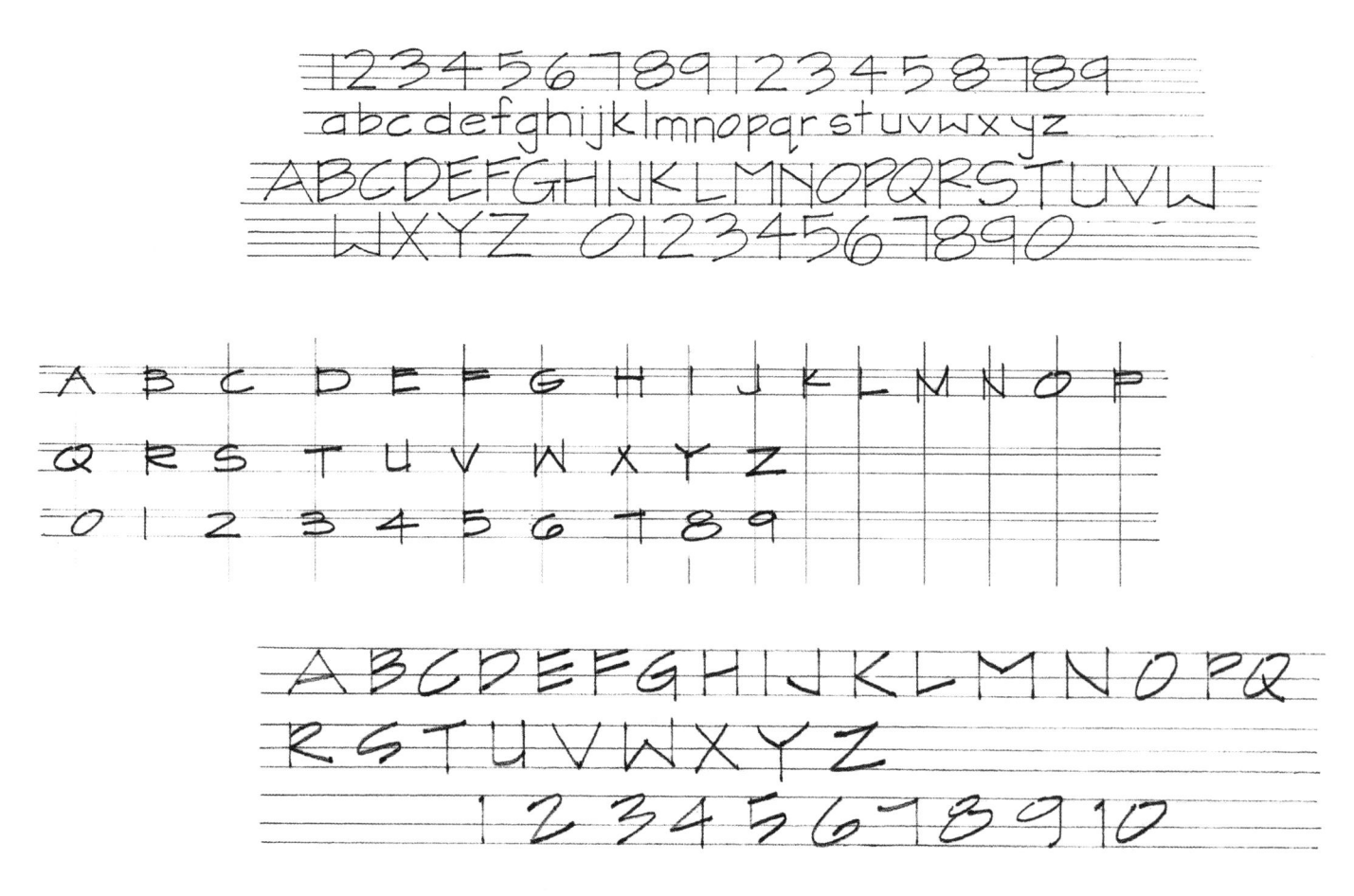

图 5-7 使用铅笔绘制于 8.5 英寸 ×11 英寸（21.6 厘米 ×27.9 厘米）铜版纸上，用时共 30 分钟。

二、马克笔书写

马克笔书写的方式基本与铅笔书写相同。笔触的粗细取决于字体的大小。大字体的笔触会更粗一些。注意字母交角处不要交叉,并保持字母的整体形状为正方形(图 5-8)。

步骤

1. 用铅笔画出辅助线。
2. 使用马克笔的宽头绘制出所需的字母,可以使用直尺(图 5-9)。
3. 使用三维线的技法,用记号笔勾勒出马克笔画出的字母,尽量不要留白。之后再用细毡头笔勾画轮廓,在线条之间留下一个细小的间隙。在勾勒轮廓时,请使用"顿—走—顿"线、交角叠搭、专业顿点、专业缝隙这些技法(图 5-10)。
4. 使用同一只马克笔进行第二次填涂的时候,可以打些斜线来强化字母,也可以运用彩色蜡笔或彩色铅笔(图 5-11)。
5. 印刷体的字母可以从商业印刷的信纸上找到,转描它们比描印刷字体更经济。或者用无色的晕染笔或浅色的记号笔把字母画在纸上,当马克笔迹还湿的时候立即用钢笔或铅笔画出字母的轮廓。图 5-12 便是马克笔字体的图例。

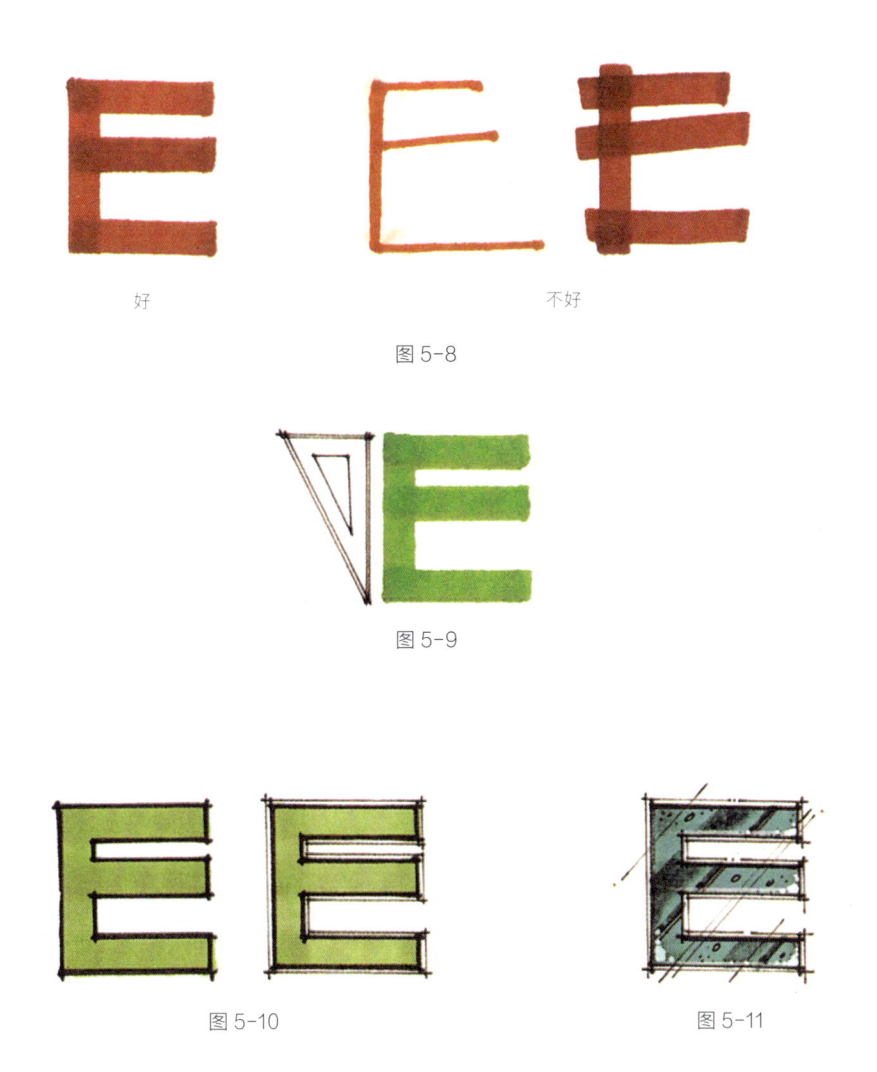

好　　　　　　　　　　不好

图 5-8

图 5-9

图 5-10　　　图 5-11

图 5-12 麦克·W. 林绘图工作室学员，使用马克笔、彩色铅笔、毡头笔绘制于 19 英寸 ×24 英寸 48.3 厘米 ×60.9 厘米）马克纸上，均用时 10～1 小时。

第六章
配景

添加配景和一些生活细节，可以让画面更加栩栩如生，丰富画面的构成。不想表现的元素可以隐藏起来，而有趣的地方则可以被强调。

效果图中的配景是为了配合和衬托画面的焦点，无论是天空、树木或汽车、人物。配景元素可以增加画面的尺度感，使设计呈现得更为清晰。整体而言，配景可以让画面更加可信，更容易理解。例如，一幅没有人或树的建筑会失去它的尺度感，不像拥有有趣配景的效果图那么吸引人。

一、人物

效果图中的人物也要画得好，它们会显示出设计的建筑或空间环境被人所使用和欣赏。因为人物比较难画，所以许多设计师避免在绘图中使用人物配景。然而，通过大量观察和实践，人物还是可以刻画好的。从书籍、杂志、照片或投影仪中去找寻人物收集一个包含不同尺度、不同活动类型和不同风格的人物文件。以后，当你需要一个特定类型的人物配景时，就可以派上用场了。

人物应该与空间相匹配，如孩子们应该在游乐场玩耍，游泳者围绕泳池游泳。人物也应该成组成对的出现，一行人一起行走，可以防止画面的杂乱，让空间更真实。坐、跑、跳和骑自行车，也可以增加画面的趣味性。

步骤：人物及面部

1. 画出视平线（地平线），假设它在 5 英尺（1.5 米）的高度。那么从这条线画出的任何物体都应该是 5 英寸（12.7 厘米）高。例如，图 6-1 中较高的灯杆，实际上要比较矮的灯杆更靠前，但对于观者来看，他们的尺寸是一致的。把每个人物的眼睛都画在这根视平线上，据此来画垂直的人体线条。这样，人们看起来都是站在地平线上，而不是漂浮或下沉的状态（图 6-2）。（如果视线放置在 10 英尺（3 米）或更高位置，这意味着观者的位置站得高，这种情况下，画面中的人物也要按比例缩放到 5 英尺（1.5 米）高，如图 6-3。

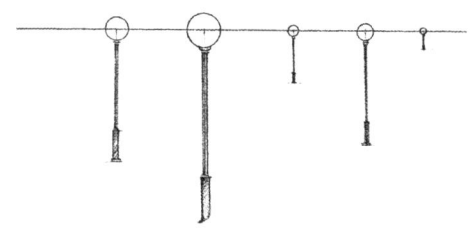

图 6-1 5 英尺（1.5 米）高度的视平线

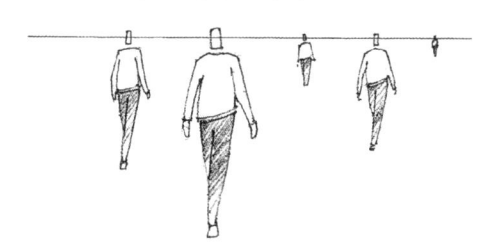

图 6-2 5 英尺（1.5 米）高度的视平线

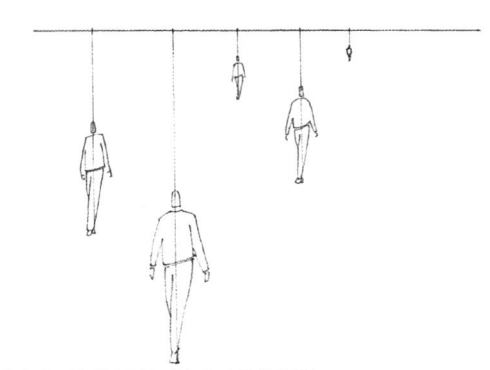

图 6-3 10 英尺（3 米）高度的视平线

2. 画人物时，要稍微越过视平线来画头部的前额和头发(图6-4)。把人物线一分为二，臀部在中点处。将臀部到地面的距离再一分为二，膝盖位于这条线段的中间点。把身体的上半部分也一分为二，肩膀位于中点靠上的位置。肘部和腰部放在臀部和肩膀的距离中间。

下巴位于头顶到肩膀中间中部略低一点的位置。肩膀和臀部有轻微的角度，都在相反的方向。膝盖和脚踝与臀部平行。在身体的这些元素被定位后，画一个人物骨架，并在此基础上添加衣服、头发、鞋子等。

3. 从收集的人物文件中选取一个人物，并将其放置在视平线上（如果大小合适的话），或直接用它来复制。用红色铅笔描出或画出人物图形，然后用黑色毡头笔勾勒轮廓。谨记：运笔要放松，并注意使用专业顿点、专业缝隙、交角叠搭、变化线、模糊线、"顿—走—顿"线这些技法（图6-5～图6-6）。

4. 开始用马克笔上色。先画浅色，注意色调渐变，并做到适当留白。上色时，笔触要放松，且快速。使用对比色、叠加边线、条纹线等技法（图6-7）。

5. 用马克笔添加深色调区域及阴影和暗面（图6-8）。

6. 绘制脸部时，先画一个鸡蛋形状，使用连续线条、重复线条等技法。把它分成两半，形成四等份（图6-9）将水平线的每一半再一分为二找到眼睛的位置。将垂直线的每一半再分成两半，以确定发际线和鼻子的位置（图6-10）。耳朵在眼睛和鼻子之间，嘴巴在鼻子和下巴之间（图6-11）。

7. 给眼睛、鼻子和嘴巴添加更多细节，如图6-12所示。或者直接省略细节，用简单的"T"来表示面部特征（图6-13）

图例

详见图6-14～图6-16。

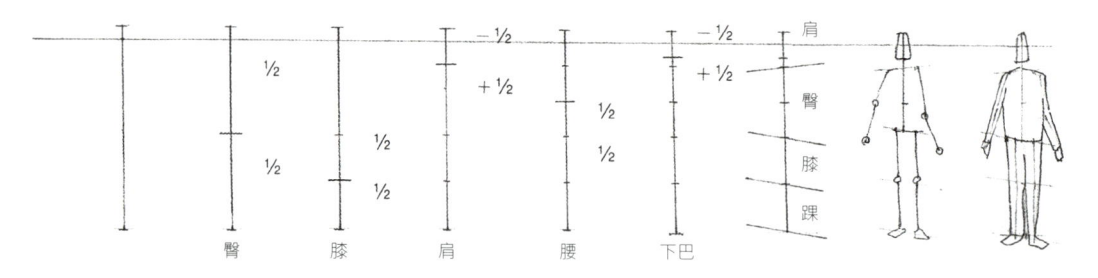

图6-4

图6-5

第六章 配景

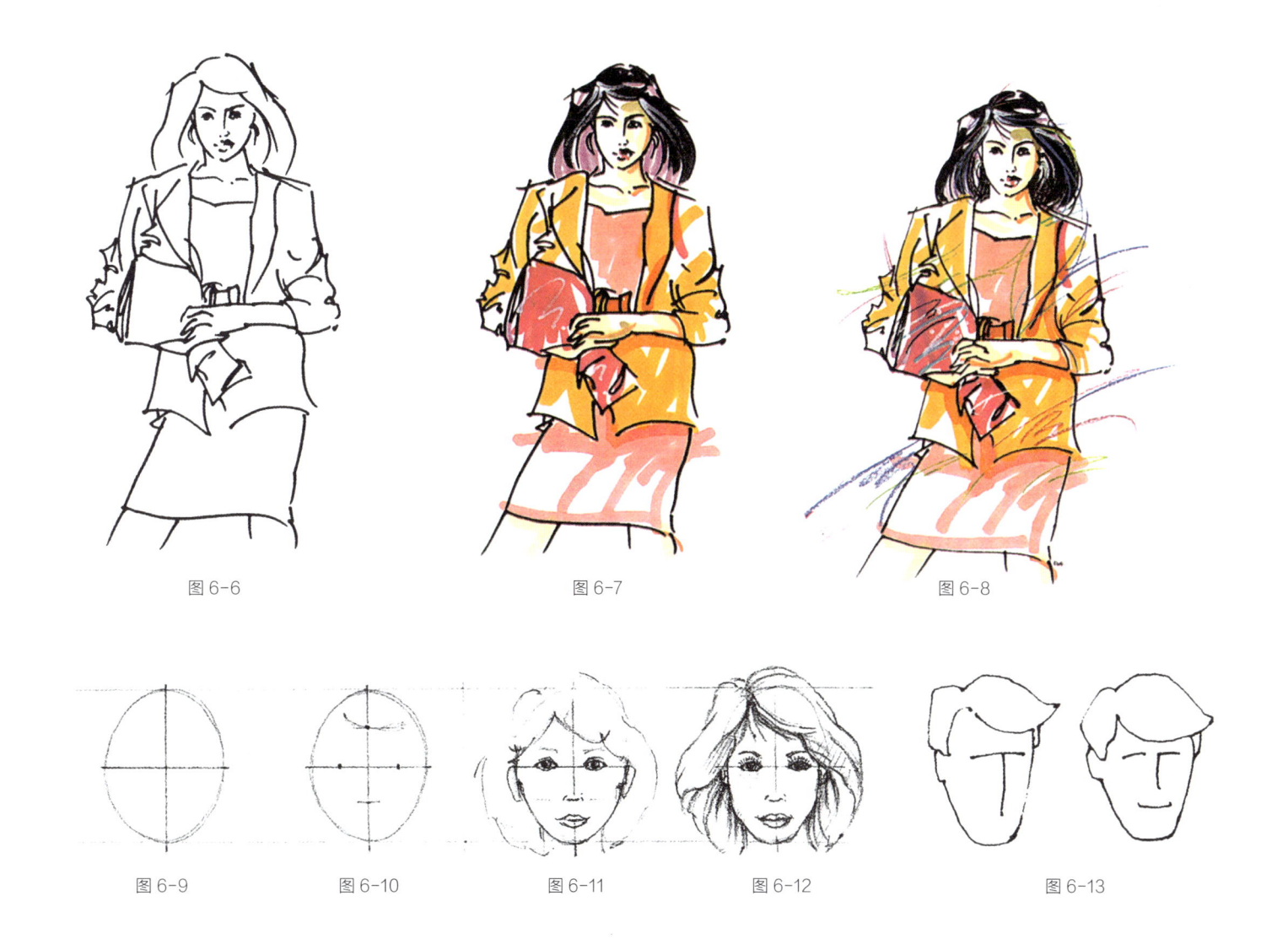

图 6-6　　　　　　　　图 6-7　　　　　　　　图 6-8

图 6-9　　图 6-10　　图 6-11　　图 6-12　　图 6-13

091

图6-14 使用铅笔和毡头笔绘制于18英寸×24英寸（45.7厘米×60.9厘米）草图画纸上，均用时10~30分钟。

图 6-15 使用彩色铅笔、毡头笔和彩色蜡笔绘制于 14 英寸 ×6 英寸（35.6 厘米 ×15.2 厘米）马克纸上，用时 10～40 分钟。

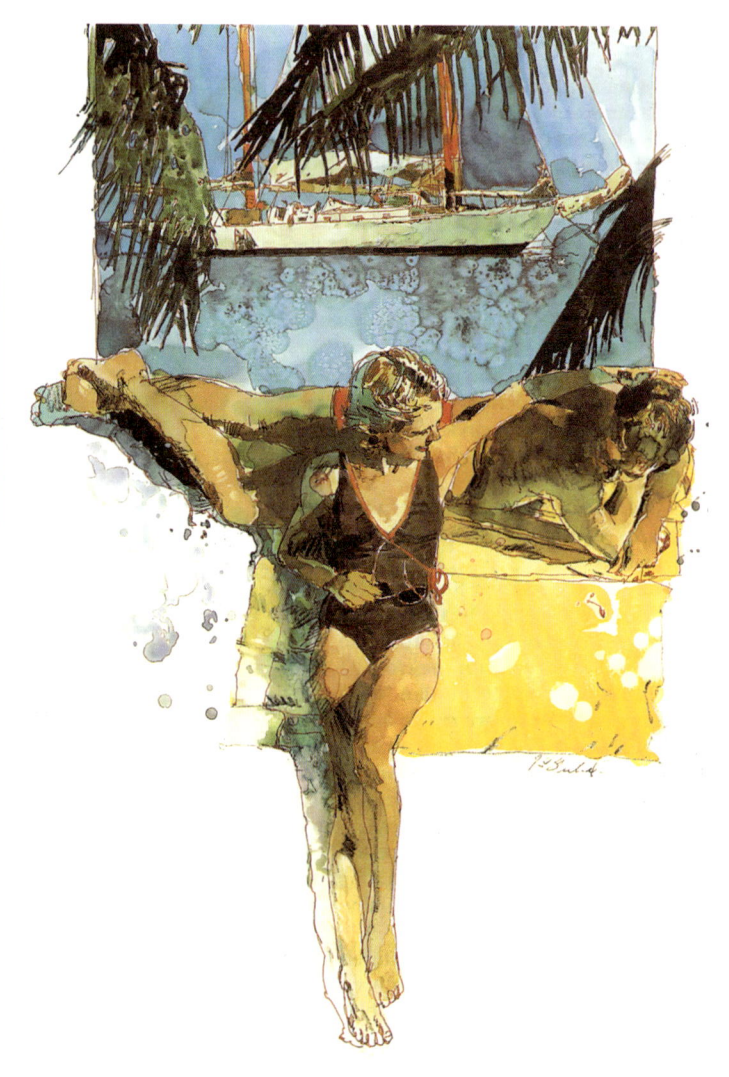

图6-16 左上图：使用酪蛋白颜料绘制于5.5英寸×7.5英寸（13.97厘米×19.05厘米）水彩图板上，用时4小时。中上图：使用酪蛋白颜料绘制于2英寸×6英寸（5厘米×11.2厘米）水彩图板上，用时2小时。右图：使用水粉绘制于12英寸×22英寸（30.5厘米×55.9厘米）水彩图板上，用时4小时。左下图：使用水粉绘制于18英寸×18英寸（45.7厘米×45.7厘米）水彩图板上，用时4小时。

二、植物

在平面图或立面图中绘制植物,可以加强画面尺度感,也更加自然,并可以营造"之"字形构图及画面的虚实对比。植物配景有各种各样的形状、大小和颜色。形态可分为3种基本类型:乔木、灌木和地被植物。乔木和灌木可进一步细分为两类:针叶类(或常绿树木)和落叶类。

(一)平面图中绘制树木的技法

▶ 使用铅笔和圆形模板绘制树木平面的草图,随后用钢笔或铅笔画出两条圆轮廓线,这会使树木看起来更加自然和立体(图6-17)。

▶ 按照树木成年尺寸的2/3绘制。避免把树画得过大或过小。

▶ 通常,平面图的规模越小,树木应该绘制得越详细。然而,根据树下的植被的变化,也可以有不同的处理。

▶ 给平面图中的树木上色时,要注意运用对比色和相邻色的技法,并注意留白(图6-18)。当给较大的树木着色时,可以在树冠上用浅色渲染。

▶ 绘制一组树群的轮廓线时,先用粗线条绘制外圈整条轮廓线,之后再用细线绘制单棵树木(图6-19)。

▶ 学会通过阴影高度来区分树木、地面及其他植被。在阴影和树之间留下一个小的白色间隙(图6-20,这可以用白色的铅笔完成)。

▶ 如果一棵树靠在建筑物上或超过屋顶时,那它的形状应该与建筑物重叠。

▶ 如果需要绘制树木的量很大,可以刻一个树木的印章,以节省时间。

图 6-17

图 6-18

图 6-19

图 6-20

（二）平面图中绘制灌木和地被植物的技法

▶ 在平面图中，灌木的绘制通常比树木粗略一些。灌木群通常用简单的轮廓来表示，树干用点表示。

▶ 落叶灌木通常用平滑的轮廓线表示，常绿植物用锯齿状的轮廓线表示。

▶ 绘制时，一些灌木不要着色，或者着淡色，作为留白之用。

▶ 在勾勒灌木轮廓时，使用两种粗细的线型，外粗内细，或者相反。

▶ 当平面图中既有草地又有地被植物时，画出二者的区别很重要。给地被植物覆盖的区域上色时，确保它要比树木及灌木的颜色更深或更浅，以示区别。

▶ 通常，树下的地被植物的颜色要比露天的地被植物的颜色浅。

▶ 使用斜线和点来增加地面的趣味性。

▶ 当使用马克笔绘制平地上的草地时，可以使用直尺。

▶ 用胶带将两个三角板粘连起来，中间留条缝隙，缝隙的宽度根据所画斜线的宽度而定，使用这两条直角边来描绘草地或者地被植物覆盖的区域（图6-21）。

（三）立面图中绘制树木的技法

▶ 先根据树木的基本形状来绘制。这些外形包括圆形、椭圆形、柱状、不规则形和圆锥形。在粗略的草图中，仅画出外轮廓式就足够了（图6-22）。

▶ 注意使用"之"字形构图、对比色、相邻色及留白这些技法。在画面上打点，最后用黑色画出轮廓线。

▶ 建筑物后面的树木应该比建筑物色浅一点或深一点，以形成适当的对比。

▶ 前景树应该包含树叶和树干等大部分细节。背景树应显示为简单的体块轮廓。

▶ 只有当树后面的元素需要被看到时，再去考虑树枝的绘制形状，否则可以用树叶来遮挡不想被看见的景观和元素。

▶ 使用凹进或凸起的叶片形状和字母W或M来表示叶片（图6-23）。

▶ 树荫下的树干要画得更暗，以表明暗部和阴影。树干的整体色调高度依赖于它的背景，背景是浅色的，那么树干就得是深色的，反之亦然（图6-24）。

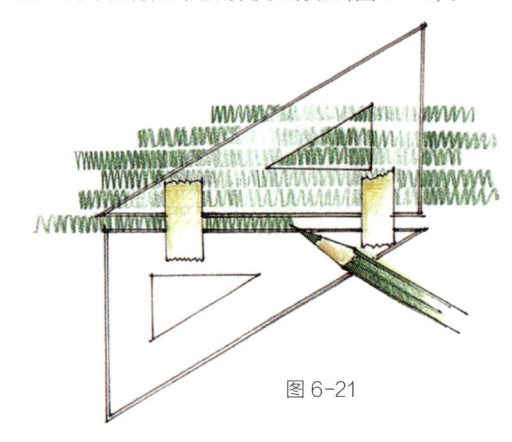

图6-21

第六章 配景

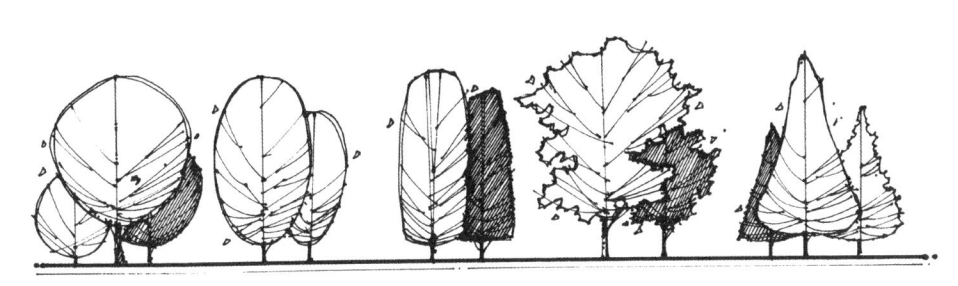

图 6-22

图 6-23

图 6-24

097

1. 起草外形 2. 添加浅色调 3. 添加细节

图 6-25

绘制树木时，请遵循以下三步（图6-25）：（1）勾勒出轮廓线；（2）添加浅色调，用黑色描绘轮廓；（3）在细节上添加深色调及其他颜色。

图6-26

（四）立面图中绘制灌木及地被植物的技法

▶ 落叶灌木和常绿灌木可以分为：圆形、蔓延形、边框形、树枝形和边框加树枝形（图6-26）。

▶ 遵循在立面图中绘制树木的原则。

▶ 使用马克笔渲染时，使用不透明的蛋彩画在马克笔上添加灌木。

▶ 通常前景的草应该比背景颜色深，画面中心需要一个焦点时除外。

▶ 添加条纹及黑点或白点给草坪添加纹理，并增强画面的趣味性。

▶ 给草坪上色时，使用对比色和相邻色等原则来增加趣味性及画面的真实感。

▶ 当使用短笔触在透视图中绘制草地时，笔画之间的距离应该逐渐向前景扩大。笔触的角度可以决定地平面的透视倾斜角度（图6-27）。

图6-27

（五）图例

详见图6-28~图6-30。

图 6-28 上部, 右下: 狄安娜·斯奈德, 左下: 撒迪厄斯·永科, 麦克·W. 林绘图工作室学员。均使用马克笔、彩色铅笔及毡头笔绘制于 8 英寸 ×10 英寸（20.3 厘米 ×25.4 厘米）马克纸上, 用时 20 ～ 1 小时。

第六章 配景

图 6-29 中左: 拉里·维格坎普; 中: 托马斯·怀特, 左下: 塔伊·金恩; 中下, 右下: 雪莱·斯蒂芬森; 左上, 右上: 麦克·W. 林绘图工作室学员。均使用马克笔、彩色铅笔及毡头笔绘制于 6 英寸 ×10 英寸 (15.2 厘米 ×25.4 厘米) 马克纸上, 用时 10 ~ 25 分钟。

101

建筑绘图与设计进阶教程

图 6-30 左上，左下：南希·埃沃特，右下：玛丽 - 克劳德·赛金；右上，中上. 麦克·W. 林绘图工作室学员。均使用马克笔、彩色铅笔及毡头笔绘制于 10 英寸 ×12 英寸（25.4 厘米 ×30.5 厘米）马克纸上，用时 10～20 分钟。

三、汽车

在画面中加入汽车，可以活跃气氛，增强画面的真实感。汽车也有助于创造良好的构图，隐藏不需要的元素，充实空间。

虽然从杂志、书籍和宣传册中收集汽车图片作为参照是一个好主意，但绝不能直接描在图纸上，因为想找到跟画面合适比例、合适角度的汽车太费时了。大多数直接描绘上的汽车看上去要么是倾斜的，要么像是扎进路面，或翘起来了。

尽量选择与项目性质相近的汽车。大品牌汽车会增加画面的高级感。如果可以的话，尽量画出在两个方向行驶和转弯的汽车。记得要画出开车的人。

别忘记给街道上的汽车添加阴影。汽车的细致程度应该与画面的细致程度吻合。汽车的用色可以是画面中用色的互补色，如红色的汽车和绿色的风景或橙色的汽车与蓝色的天空。

（一）步骤

1. 画一个立方体，并将其三等分。根据透视线绘制一个大约16英尺(4.9米)长，6英尺(1.8米)宽，4.5英尺(1.4米)高的立方体。将立方体水平方向分成三等份，线A是后备箱盖的大致位置，线B是保险杠的大致位置（图6-31）。

2. 绘制驾驶室。在线A上，定位点a和点b作为驾驶室的长度（略长于线A的1/3）。从点a、点b投影直线，得到点c、点d、点e、点f、点g、点h，构建出立体驾驶室。

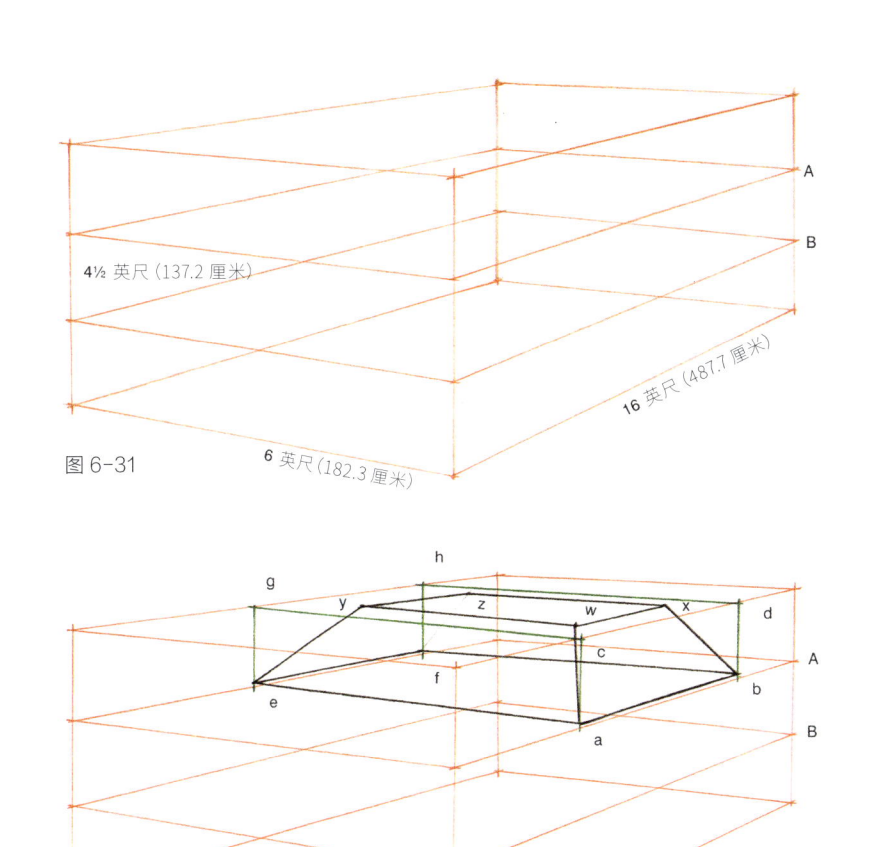

图 6-31

图 6-32

从点 c、点 d、点 g、点 h 向内缩一点,得到点 w、点 x、点 y、点 z,形成驾驶室的顶部。然后连接点 w 到点 a,点 x 到点 b,点 y 到点 e,点 z 到点 f。这样就完成了汽车驾驶室的绘制(图 6-32)。

3. 绘制车身。从挡风玻璃的底部,点 a、点 e 和点 b、点 f,轻轻地向下倾斜到前面和后面,形成车盖和车身。相应地绘制前后保险杠。注意车底(线 C)应该低于线 B(图 6-33)。

4. 绘制车轮。在前保险杠的后部绘制车轮的位置,画出 90° 相交的垂直轴线和水平轴线。确定轮子上的四个点,使用重复连续线条绘制车轮,或用椭圆模板也可以。用同样的方法绘制后轮。记得表现出轮胎的厚度(图 6-34)。

5. 添加细节。现在可以开始添加汽车的细部,包括车门、灯饰、格栅以及其他需要的细部。如果需要可以参照汽车宣传手册(图 6-35)。

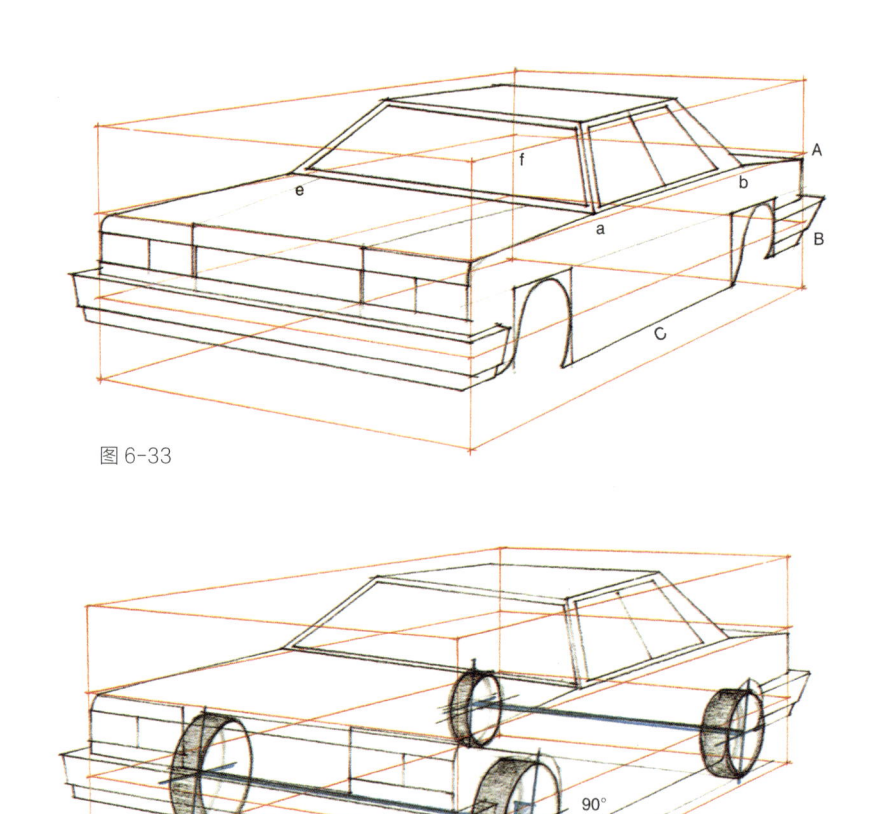

图 6-33

图 6-34

(二)图例

详见图 6-36 和图 6-37。

第六章 配景

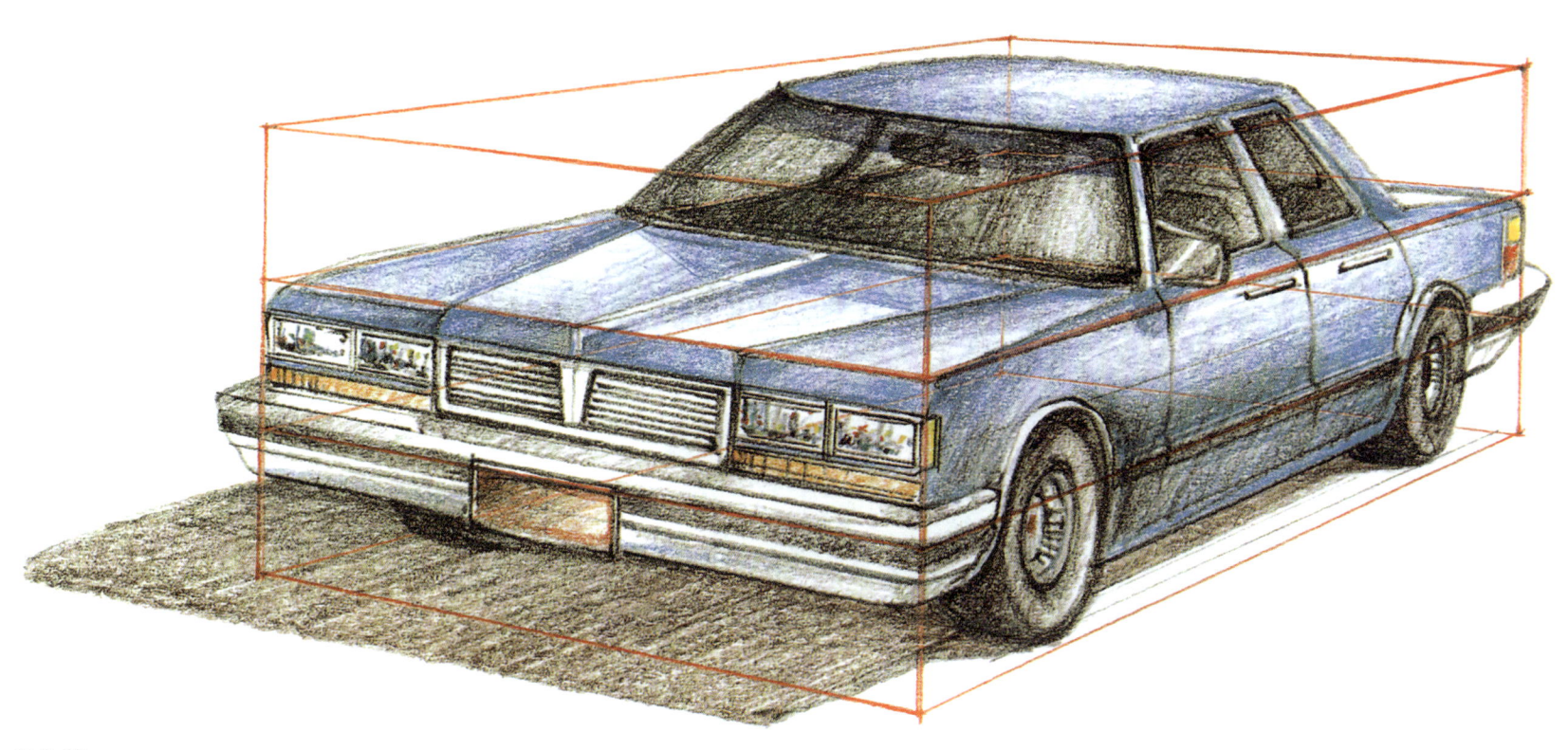

图 6-35

105

图6-36 均使用马克笔、彩色铅笔及毡头笔绘制于4英寸×8英寸(10.2厘米×20.3厘米)和7英寸×14英寸(25.4厘米×35.6厘米)马克纸上,用时30~60分钟。

图 6-37 左上图、右下图：均使用马克笔、彩色铅笔以及蛋彩绘制于修饰过的 7 英寸 ×14 英寸（25.4 厘米 ×35.6 厘米）马克纸上，并粘贴在黑色建筑图纸上，用时 6 小时。右上图、左下图：使用酪蛋白颜料绘制于 2.5 英寸 ×5 英寸（6.35 厘米 ×12.7 厘米）水彩图板上，用时 3 小时。

四、家具

家具可以形成"之"字形的构图以及虚实对比，还可以营造室内气氛。

高档家具可以增加画面的吸引力；在一些局促而令人烦躁的空间，通过家具的精心摆放可以解决这些问题。

（一）绘制技巧

▶ 不要在绘图中描摹家具。假设家具是立方体或盒子的形状，用透视法来表现，然后在立方体中绘制家具并添加必要的细节（图6-38）。

▶ 先用红色铅笔大致勾勒出草图，然后用黑色毡头笔勾勒出轮廓（图6-39）。在家具的织物上，使用浅色调并快速上色，注意留白并使用对比色。之后立即添加深色调来实现渐变感。用彩色铅笔和马克笔打斜线来添加暗部、阴影和高光。从杂志和家具目录上剪下家具的照片，将其编成家具档案。编写家具名录的档案，参考起来是很有用的，从中你可以选择适合空间装饰和风格的家具，它应该符合你想要表达的意象。将家具分组摆放，随机布置可能会导致构图过于零散。绘画时，记得使用对比色、渐变、暗部和阴影、点以及条纹线。因为室内装饰的纹理和颜色很复杂，很多人在渲染时会使用非常多的颜色，这会让画面看起来零碎不完整，实际上，有许多颜色和图案，若结合得当，会得到一件非常赏心悦目的作品。

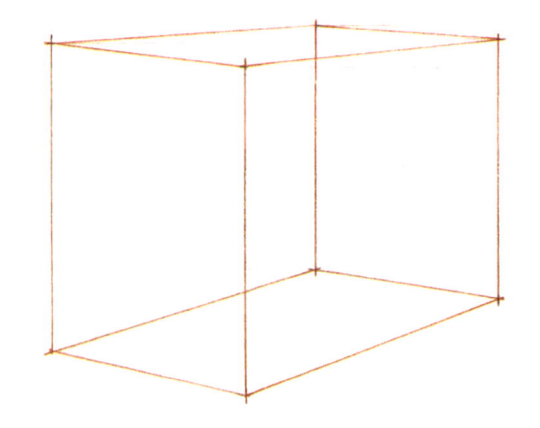

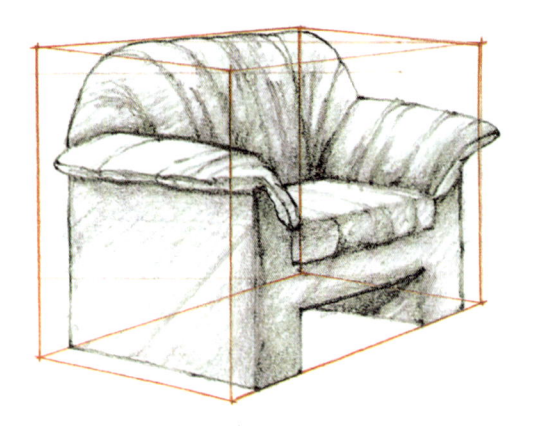

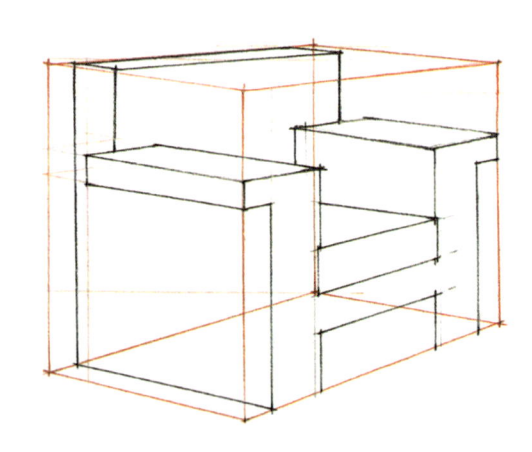

图6-38

第六章 配景

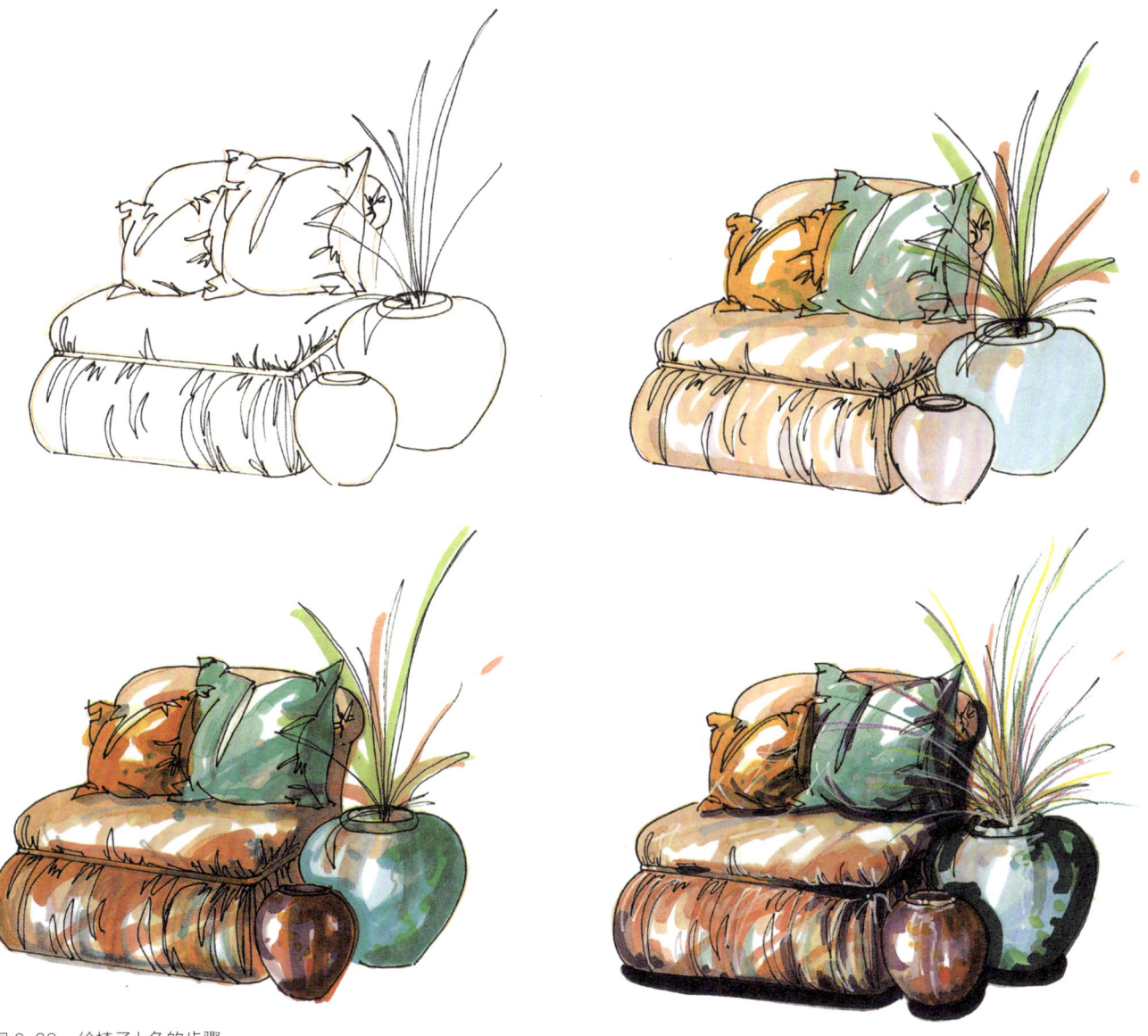

图 6-39 给椅子上色的步骤。

109

建筑绘图与设计进阶教程

图例

详见图 6-40 和图 6-41。

图 6-40　上图：使用马克笔及毡头笔绘制于 8 英寸 ×20 英寸（20.3 厘米 ×50.8 厘米）马克纸上，用时 30 分钟。下图：使用马克笔、彩色铅笔以及毡头笔绘制于 10 英寸 ×20 英寸（25.4 厘米 ×50.8 厘米）马克纸上，用时 40 分钟。

图 6-41 均使用马克笔、彩色铅笔及毡头笔绘制于 19 英寸 ×24 英寸（(48.3 厘米 ×60.9 厘米）马克纸上，均用时 30 分钟~60 分钟。

五、天空

天空构成了画面的很大一部分，可以决定整个作品的基调：从阳光明媚到暴风雨，从日落到午夜。它可以对画面起到平衡作用，并将人的注意力集中在绘制的主题上。

云的形状经常被用来创造出一个很棒的"之"字形构图。一般来说，浅色会使画面更加柔和，不会让注意力从焦点转移。对比色的使用有助于激发和增强整体配色方案。然而，过多的色彩会使天空看起来浑浊而不真实。

（一）绘制技巧

▶ 在使用墨水、水彩或蛋彩渲染时，要先绘制天空；在使用铅笔、彩色蜡笔和马克笔渲染时，则要最后绘制天空。

▶ 天空的处理不应该强于其他部分，而是要加强构图。一幅画可能会因过度绘制天空而毁于一旦。保持简单，记住"少即是多"的原则。

▶ 当规划天空的形状时，保持其"之"字形构图，不要跟随建筑物的外部边缘形状来画。毕竟，天空是在建筑物的后面，而不是在其顶部（图6-42）。

▶ 天空的颜色应该与地平线或建筑相融合，这样地面上的元素就不会有漂浮的感觉。通常情况下，越接近地平线，色调就要越浅。然而，在快速草图中，天空可能需要在靠近画作中心处变暗，而向外变亮，这样才能形成焦点，实现与浅色建筑相对的虚实对比。在地平线附近使用橙色会增加色彩搭配的生动性。

▶ 当给天空上色时，使用与画面中其他部分相同的工具，以保持画面的一致性。马克笔这样的工具，由于其笔触较明显，在绘制大面积区域时有所限制。在这种情况下，可以使用彩色蜡笔来绘制天空。

▶ 用小刀刮一根蓝色蜡笔，然后在需要的地方撒上粉末。用指尖把撒在建筑物上的粉末朝上朝外揉化，从而绘制天空的效果。在蓝色的基础上添加白色蜡笔粉末来绘制云彩（图6-43）。

（二）图例

详见图6-44和图6-45。

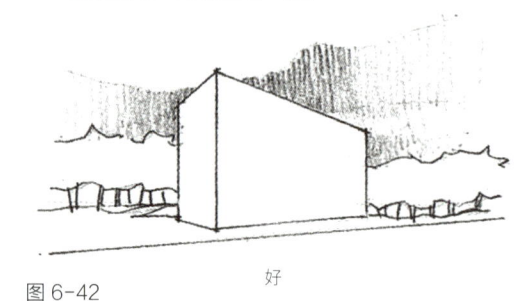

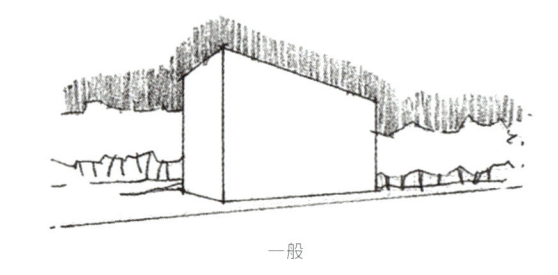

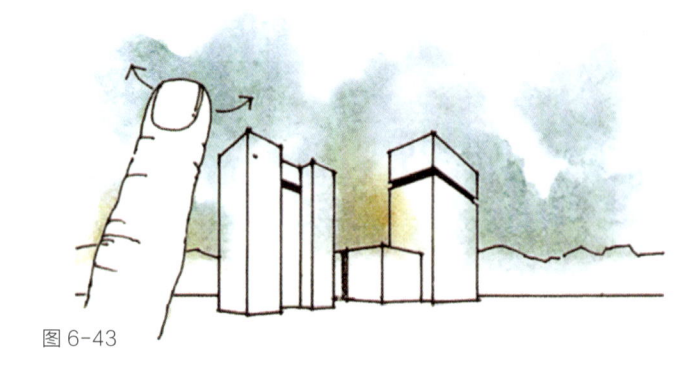

图6-42　　好　　　　　一般

图6-43

第六章 配景

图 6-44 使用铅笔、彩色铅笔、墨水、彩色蜡笔、马克笔及空气喷枪,均绘制于 4 英寸 ×6 英寸(10.2 厘米 ×15.2 厘米)的拷贝纸上,用时均为 5~15 分钟。

图 6.45　上二图：均使用彩色蜡笔及蛋彩，绘制于 11 英寸 ×18 英寸（27.9 厘米 ×45.7 厘米）无光泽纸板上，用时 30 分钟。下二图：均使用酪蛋白颜料绘制于 8 英寸 ×10 英寸（20.3 厘米 ×25.4 厘米）水彩图板上，用时 3~5 小时。

六、水景

在方案设计中,水景通常是一项吸引人的元素。平静的湖泊给人一种宁静的感觉,而巨大的喷泉给人一种兴奋的感觉。基于上述原因,许多成功的项目都包含了水景。

水景种类包括倒影池、游泳池、湖泊、喷泉、瀑布等。在这里,我们深入探讨平面图和草图中静止及流动的水景。

(一)静止水景的绘制技法

▶ 一般使用垂直短线表示反光的倒影,水平短线表示镜子般光滑的水面。

▶ 在水面上涂上垂直或水平短线后,使用白色蜡笔或白色铅笔以相反的方向绘制短线,可以描绘出反光的效果。

▶ 使用彩色蜡笔渲染平面视图的水池时,使用捏好的橡皮以45°角去擦除表面从而创建反光效果。如果水池是用马克笔渲染的,那就用白色蜡笔来代替橡皮。

▶ 大面积的水景,可以使用彩色蜡笔或空气喷枪,通过添加阴影来表达纵深感。

▶ 通过融合颜色使水景表面形成渐变效果。在草图中,背景要运用较暗的色调。

▶ 水景周围其他配景的添加可以让画面效果更加逼真:如水中游泳的人,或湖上航行的船只等。运用对比色的原色,如穿着橙色衣服的人或红色泳装的人与蓝色水景做对比。

(二)流动水景的绘制技法

▶ 关键技法与静止水景大致相似。

▶ 使用不同大小的气泡、黑色和白色的点和曲线,来表现波浪和涟漪,并增加水的动感及趣味性。

▶ 喷泉或瀑布在深色背景下保持白色或浅色,反之亦然,这能给画面带来很好的虚实对比效果。

▶ 喷泉或瀑布的垂直面应使用较浅色调,水平面应较暗,以达到深度和明暗对比的效果。在海岸线上留一个窄缝,把海水和地面分开,可以直接留白,也可以用白色铅笔画出来。

(三)图例

详见图6-46和图6-47。

图6-46 均使用马克笔及彩色铅笔绘制于8英寸×12英寸(20.3厘米×30.5厘米)马克纸上,用时30~60分钟。

图 6-47 左二图：均使用酪蛋白颜料绘制于 2 英寸 ×5 英寸（5.08 厘米 ×12.7 厘米）和 3 英寸 ×5 英寸（7.62 厘米 ×12.7 厘米）水彩图板上，用时 4 小时。右二图：均使用水彩绘制于 10 英寸 ×10 英寸（25.4 厘米 ×25.4 厘米）的水彩纸上（原稿使用钢笔和淡墨绘制于草图纸上），用时 3 小时。

七、玻璃

大多数建筑物都会用到玻璃。玻璃本身有多种类型:除了透明和彩色玻璃,还有磨砂玻璃和镜像玻璃。学习渲染玻璃的最好方法之一,是学习专业图示。

图 6-48

(一)步骤

▶ 画有框玻璃窗时,先渲染整块玻璃,要画出色调的逐渐变化(图 6-48)。
▶ 画出玻璃上窗框处的阴影。
▶ 使用适当的不透明颜色绘制窗框的阴影区域。这会节省时间,因为可以不用给每道窗框添加阴影。可以研究一下图 6-49 中的玻璃渲染方法。

(二)绘制技法

▶ 在描绘窗户时,尽可能营造渐变的效果来加强画面的生动性。
▶ 绘制透明或半透明玻璃时,试着画出窗户内部的物体,从而增加现实感。室内会有天花板或室内灯具、窗帘、人物以及植物等。
▶ 当绘制反光玻璃时,需要考虑到周边的环境元素,如天空、植物和人物等。
▶ 建筑物阳面的窗户应该比阴面的窗户更暗。这可以形成对比效果和虚实对比。
▶ 当使用水彩渲染玻璃时,在上色之前,要先把整片窗户区域打湿。

图 6-49　均使用蛋彩绘制于 28 英寸 ×36 英寸(71.12 厘米 ×91.4 厘米)的插画板上,用时 10 小时。

八、建筑材料

在建筑效果图的绘制中,理解那些建筑材料,知道怎样来表现它们,这至关重要。材料包括木、砖、瓦、石料、混凝土、岩石、金属和玻璃。一张效果图的成功与否,很大程度上取决于能否逼真地描绘出这些材料。仔细地观察,尽可能多地练习,将帮助你提升绘画技能。

(一)绘制技巧

▶ 描绘建筑材料时,一定要注意色调变化,注意使用对比色,以及留白等技巧。

▶ 在适当的表面上添加条纹、点、暗部及阴影来增添趣味。

▶ 当物体主色调绘制完成后,使用彩色铅笔添加细节和高光。

(二)图例

详见图6-50~图6-53。

图6-50 均使用马克笔及彩色铅笔绘制于19英寸×24英寸(48.3厘米×60.9厘米)马克纸上,用时10~30分钟。

图 6-51 均使用马克笔和彩色铅笔绘制于 9 英寸 ×14 英寸（22.9 厘米 ×35.6 厘米）马克纸上，用时 20~30 分钟。

图 6-52 均使用马克笔及毡头笔绘制于 8 英寸 ×12 英寸（20.3 厘米 ×30.5 厘米）马克纸上，用时 20 分钟。

图 6-53 均使用马克笔及彩色铅笔制于 5 英寸 ×8 英寸（12.7 厘米 ×20.3 厘米）马克纸上，用时 20 分钟。

第七章
透视绘图

透视，就是把三维视角用二维平面表现出来。这是一种非常好用的、展现设计思路的方法。通过透视图，设计的空间可以在设定的环境下预览，潜在的设计问题可以被尽早发现并解决。逼真的效果图可以让客户更好地理解成品，对客户接受设计很有帮助。

在透视图的学习中，有许多基本的术语和概念需要掌握（图 7-1）。

地平线（视平线）

这条线是观看者眼睛所在的位置，即观看者的眼睛到地平线的距离。

绘制面

这是理论上设想的一个透明的面，所绘制的物体及其透视就绘制在这个面上。

地面线

这是绘制面与地面的交界处。

消失点

地平线上所有平行线条汇合的一点。平行线，如道路的两条边线，当它们向远处延伸后看起来便会交聚，这是我们都熟知的现象。

观察点

观看者观察对象时所在的点。

锥形视域

当观看者观察某个对象或空间时，形成的一个圆形的视域。

透视图一共有 3 个类型：一点透视、两点透视与三点透视（图 7-2）。

一点透视

观看者与他面前的空间平行，只有一个消失点，即所有的线条都由这一点引出。

两点透视

观看者与他面前的建筑或空间有一个角度。建筑的所有线条聚交于两个消失点——左消失点与右消失点。

三点透视

在实际生活中很少见，所以使用得也很少。它与两点透视类似，但观看者的头部后仰，正如抬头观看一座摩天大楼。

观看者看向建筑或物体的高度，将会决定观看的类型（图 7-3）。仰视是从地面或低于地面的角度向上看，这种透视并不是很常用。平视是一种常用的、逼真的视角，因为这就是我们观察周遭事物的视角。最后是俯视，即从一个对象的顶端向下看。这是个很好的视角可以展示一个完整的设计。

在绘制透视图前，你首先需要了解透视的高度、宽度和深度。设计者可以使用下面这些方法，更快地画出透视图，进而更有效率地设计三维空间。

一、透视图中的高度

（一）堆叠测量法

这种方法的基本原理是，从视平线画出的线条，不论长度如何，都将看成相同的高度。例如，图 7-4 中所有人都是 5 英尺（1.5 米）高。每个人的眼睛都在同一条线上——视平线。看起来更大的人，只是更加靠近观看者。了解了这个原理，并定下视平线的高度后，就可以使用这种方法测量一个对象的高度了。

第七章 透视绘图

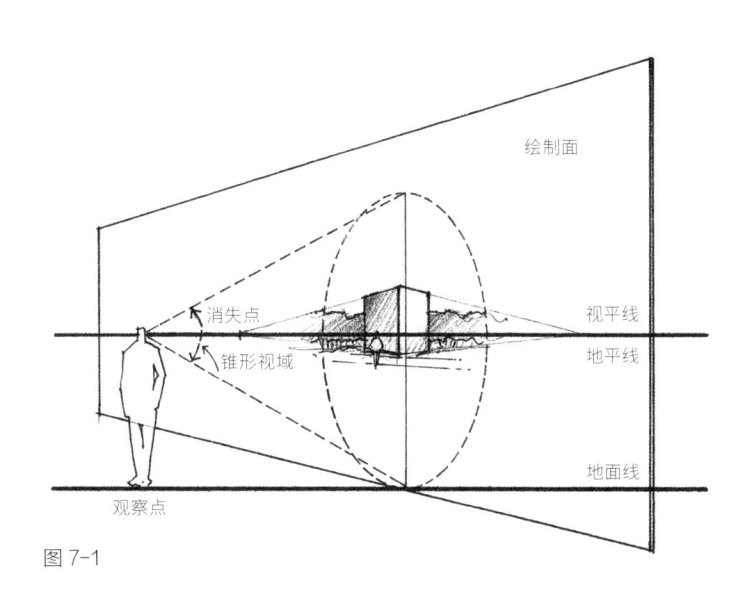

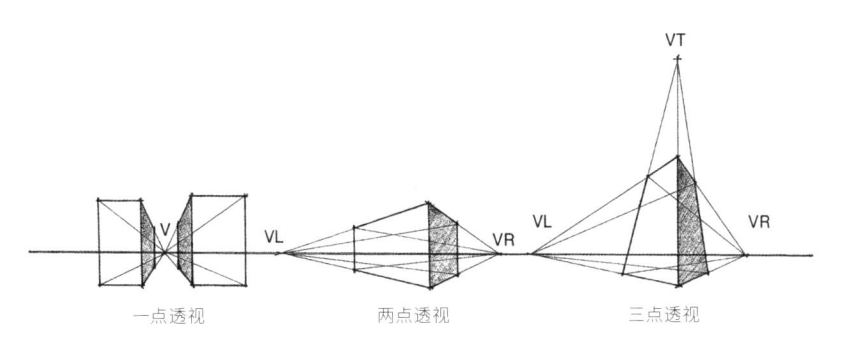

图 7-1

图 7-2

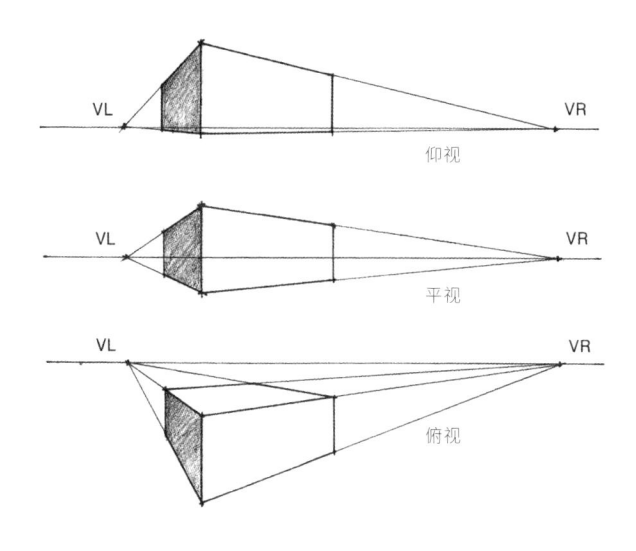

图 7-3

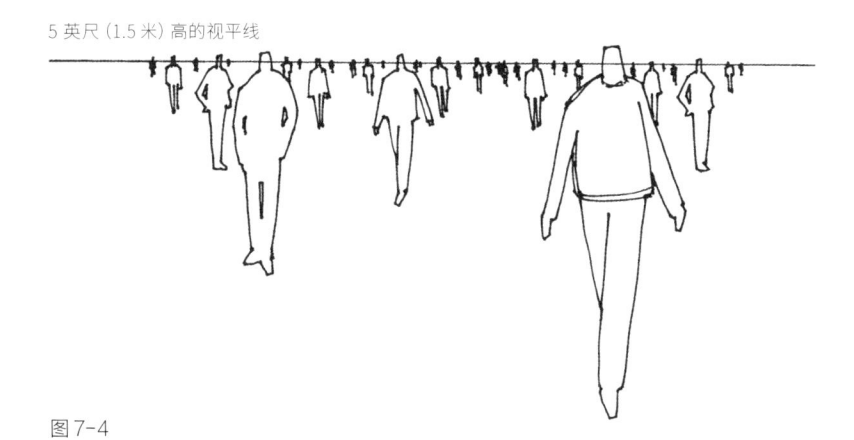

5 英尺（1.5 米）高的视平线

图 7-4

123

步骤

1. 画一条视平线,并估定为 5 英尺(1.5 米)高(图 7-5)。

2. 在视平线下任意位置画一个人。现在将这个人的高度加一倍达到 10 英尺(3 米),或将高度加到三倍达到 15 英尺(4.5 米)(图 7-6)。这样叠加时,需与人的视平线取齐。

3. 如果视平线被设定为 10 英尺(3 米)高,即观看者位于 5 英尺(1.5 米)高的物体上,那么从这条视平线起划出的任何线条均为 10 英尺(3 米)高。所以,堆叠两人是 10 英尺(3 米)高的视平线,堆叠四个人则是 20 英尺(6 米)高的一棵树。如果堆叠六个人的话,就是一座 30 英尺(9 米)高的建筑了(图 7-7)。

4. 同样的原理,如果视平线的高度为 40 英尺(12 米),那么从地平线的任意一点到视平线的高度都为 40 英尺(12 米),也可以使其翻倍,达到 80 英尺(24 米)的高度(图 7-8)。

(二)增量测量法

这个方法用于确定透视图中一个物体的高度。如图 7-9 我们设置一根 8 英尺(2.4 米)的旗杆与一根 3.5 英尺(1 米)的柱子。

步骤

1. 画一条 5 英尺(1.5 米)高的视平线。

2. 将旗杆位于的点设为点 A,由此向上画一条垂直的线。

3. 取一条工程标尺,并将尺子的刻度 0 与点 A 重合。标尺的角度并不重要,如果是 6 英尺(1.8 米)高的视平线,就让刻度 6 对准视平线。

4. 在刻度 8 处画一条水平线(线条 1),与点 A 延伸出的垂直线相交于点 B,点 B 即为这条 8 英尺(2.4 米)高的旗杆的顶点。

5. 在 3.5 英尺(1 米)高的杆所在的位置设点 X,然后向上画一条垂直的线。将刻度 0 对准点 X,刻度 5 对准视平线。从 3.5 英尺(1 米)刻度处画一条水平线(线条 2),与点 x 的垂直线相交于 Y 点,Y 点即为这根 3.5 英尺(1 米)高的柱子的顶点。

(三)投射测量法

投射是用一个已知高度的物体来确定另一个物体的高度。已知一根 8 英尺(2.4 米)高的旗杆,由此来确定另一位置相同高度旗杆的长度(图 7-10)。

步骤

1. 在 5 英尺(1.5 米)高处画一条视平线与一根 8 英尺的旗杆 AB。设定 C 为另一根旗杆的位置。

2. 从点 C 向上画一条垂直线。

3. 连接 C 与 A,并延长至与视平线相交于 E 点。

4. 将 E 与 B 的直线延长,与点 C 向上的垂直线相交,即可得到 D 点。

5. CD 即为另一位置 8 英尺(2.4 米)高的旗杆。

6. 这种方式可用于确定地面上任意位置的 8 英尺(2.4 米)高的旗杆(图 7-11)。

7. 如两根旗杆的位置距离观看者几乎一样,这种方式便不适用,其他方式会更加有效。

(四)橡皮圈测量法

这种方式并不像其他方法一样准确,但这种方式可以简单估量一个物体的大概高度。

步骤

1. 将一个橡皮圈拉长,并用细的毡头笔在上面画出 10 个或更多均匀排列的刻度。

2. 将画好刻度的橡皮圈拉长,并将其垂直放置,使点 A 与刻度 0 重叠,刻度 5 与视平线重叠(图 7-12)。

3. 刻度 8 将会是一根 8 英尺(2.4 米)旗杆的高度,刻度 3.5 处将会是一根 3.5 英尺(1.5 米)高的柱子的顶点处。

第七章 透视绘图

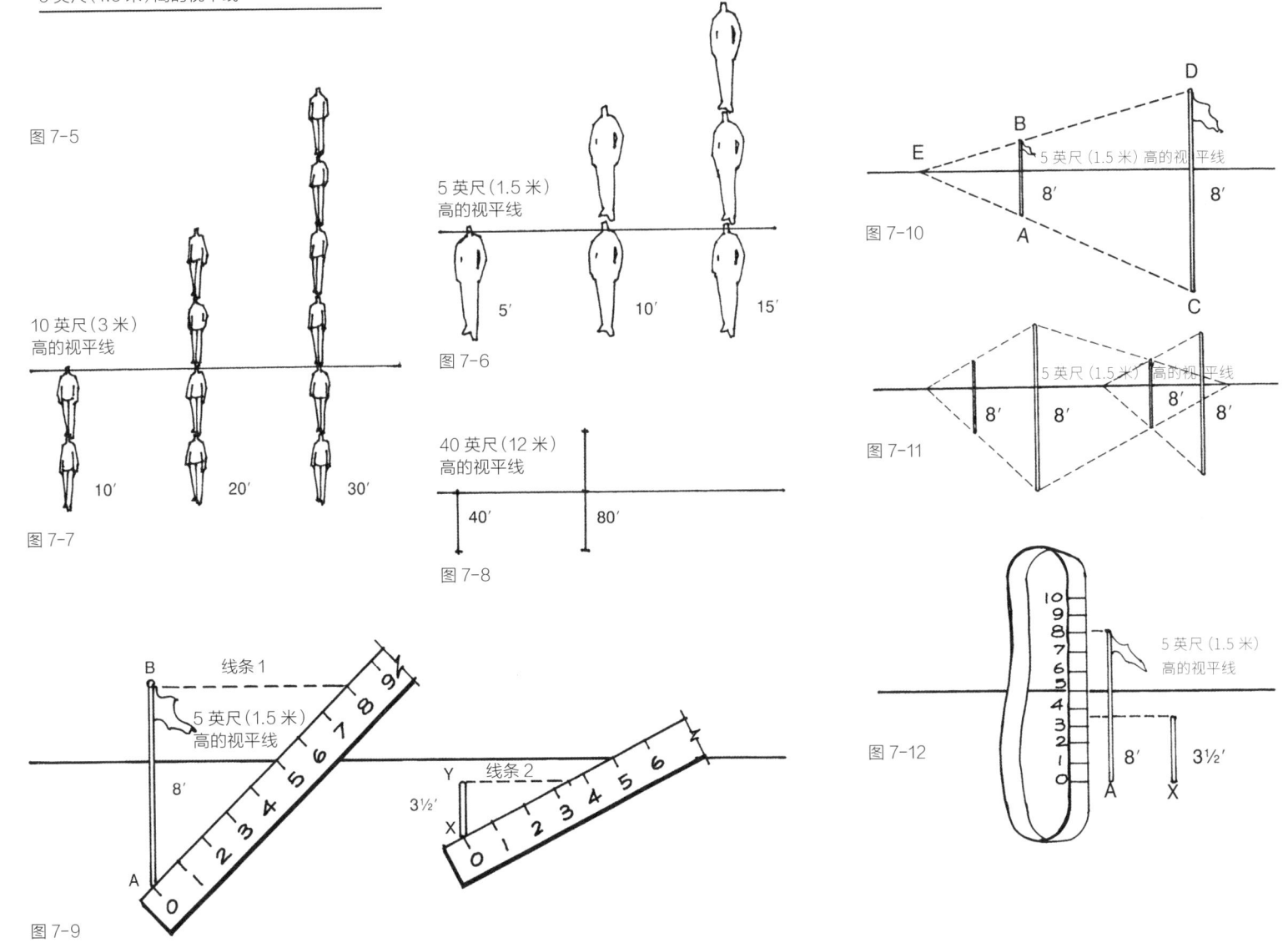

5英尺(1.5米)高的视平线

图 7-5

10英尺(3米)高的视平线

图 7-7

5英尺(1.5米)高的视平线

图 7-6

40英尺(12米)高的视平线

图 7-8

图 7-9

线条1
5英尺(1.5米)高的视平线

线条2

图 7-10

5英尺(1.5米)高的视平线

图 7-11

5英尺(1.5米)高的视平线

图 7-12

125

二、透视图中的宽度

在接下来的例子中,设定视平线为 5 英尺(1.5 米)高。确定空间中 5 英尺(1.5 米)宽的线条的长度(图 7-13):

步骤

1. 画一条 5 英尺(1.5 米)高的视平线。
2. 视平线的任意位置,垂直向下画一条 5 英尺(1.5 米)高的线条,即 AB。
3. 在点 B 画一条与视平线平行的线,再从点 A 画一条 45°的线,与这条平行线相交于点 C,BC 即为 5 英尺(1.5 米)宽的长度。

确定空间中 20 英尺(6 米)宽的线的长度(图 7-14):

步骤

1. 画一条 5 英尺(1.5 米)高的视平线。
2. 在画面的左侧画一个 5 英尺(1.5 米)高的人。将他的视线与视平线齐平,脚靠近纸的底边。
3. 从人的脚部开始,向纸的右侧画一条地平线。
4. 沿着这条地平线,依照这个人的高度乘以 5,即可得到空间中 20 英尺(6 米)的宽度。

建议先考虑 20 英尺(6 米)宽度与整个画面宽度的关系,画出代表长度为 20 英尺(6 米)的地平线。再将地平线的 5 英尺(1.5 米)处作为人的高度,垂直向上画同尺寸的平行线,即可得到代表 5 英尺(1.5 米)高的视平线。这将有助于你一开始便控制好整幅图的尺寸(将在一点透视快速技法中对此进行详细讲

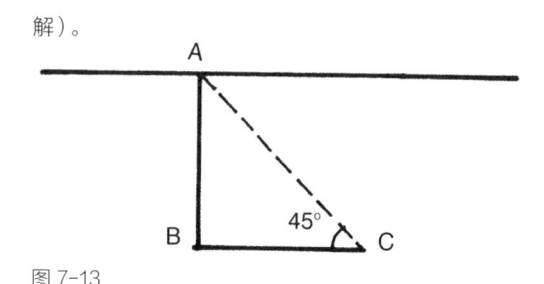

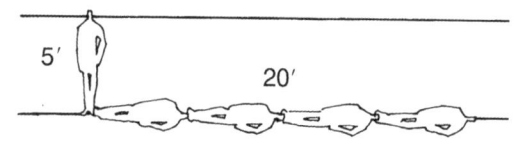

解)。

图 7-13

图 7-14

三、透视图中的深度

透视图的绘图者,也就是观看者,可站在任意距离外的某处,对着一个想象出的玻璃面(即绘制面)来绘图,并且能看透过去。这便是透视画法。

我们假设观看者站在距离此绘制面 20 英尺(6 米)(6 米)远的地方(图 7-15),并要绘制位于绘制面背后 20 英尺(6 米)(6 米)的物体。在透视图中,这个物体将会出现在视平线与地平线的中部。换句话说,视平线与地平线中部的点与地平线的距离,只要与地平线和观看者的距离相等,那么任何深度都可以(图 7-16)。

比如,在图 7-17 中,观看者站在一面与地板垂直相接的镜子前,并在镜子底部贴了一条水平的胶带来代表地平线。在距离地板 5 英尺(1.5 米)高的地方(假设观看者的身高为 5 英尺(1.5 米)粘贴第二条胶带作为视平线,最后在地平线与视平线的中点 [即镜子 2.5 英尺(1.5 米)高处] 粘贴第三条胶带作为中线。观看者会意识到,无论他站在镜子前面多远或多近的位置,他的鞋子会一直在中线上。

确定一点透视有很多种方法。在以下这些方法的示例中,均假设 5 英尺(1.5 米)高的人站在距离地面线(绘制面)20 英尺(6 米)的地方。

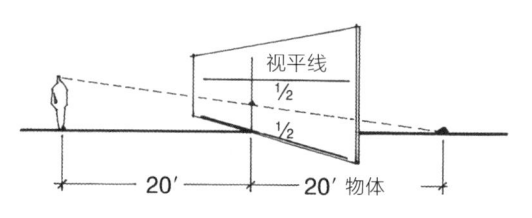

图 7-15

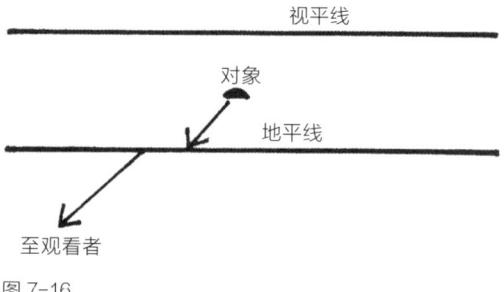

图 7-16

第七章 透视绘图

3. 找到位于中线 C 与视平线 B 的中线 D。D 到中线 C 的距离将原深度翻倍，即 40 英尺（12 米）。

4. 线 E 与线 D 的距离为 80 英尺（24 米），依此类推。横截面图（图 7-19）将进一步说明这个方法。

（二）正方形测量法

这种方法用来在 20 英尺（6 米）的增量中确定深度（图 7-20）。

步骤

1. 画一条 10 英尺（3 米）的地平线，将其长度缩短一半，画出 5 英尺（1.5 米）高的视平线。

2. 在地平线与视平线之间画一个边为 5 英尺（1.5 米）的正方形（ABCD），再画出两条对角线（AD 与 CB），两条对角线相交于 E 点。根据上一种方法，E 即为地平线与视平线的中点，因此 AE 的深度即为 20 英尺（6 米）。

3. 于 E 点画水平线，并与 AC 相交于 F 点。连接 F 与 D，与对角线 CB 相交于 G。过 G 点再画水平线，与 AD 相交于 I 点。E 点与 I 点的距离也为 20 英尺（6 米）。

4. 以这种方法类推，即可画出更多 20 英尺（6 米）为增量的深度。

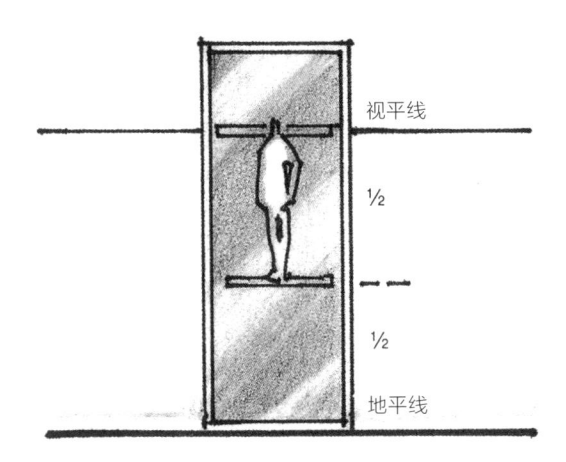

图 7-17

（一）对半测量法

步骤

1. 画一条 10 英尺（3 米）长的地平线来适应画面的宽度；将其缩短到 5 英尺（1.5 米），画出视平线（图 7-18）。

2. 画出位于地平线 A 与视平线 B 中部的中线 C。中线 C 与地平线 A 的距离为 20 英尺（6 米）。中线 C 与地平线 A 的距离永远等于地平线 A（即绘制面）与观看者的距离。

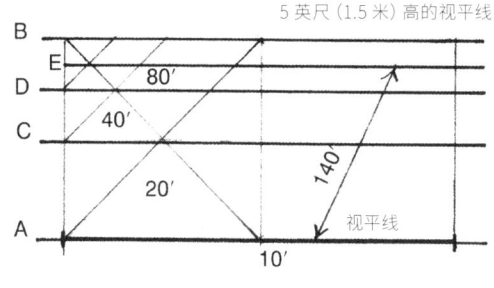

图 7-18

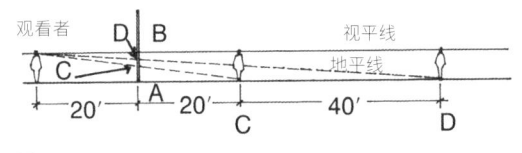

图 7-19

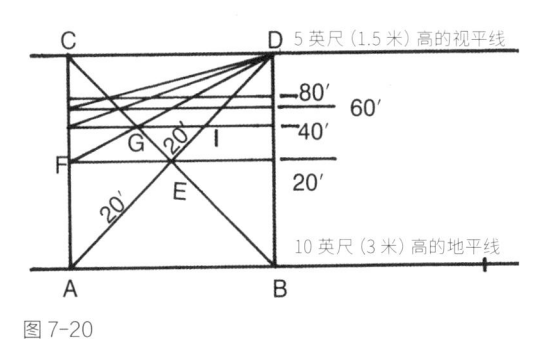

图 7-20

（三）分数测量法

在图 7-21 中，既然假设观看者与地平线的距离为 20 英尺（6 米），那么从地平线增加的任意深度都可以被 20 除。通过除法得到的值即为分数测量法的分子，而分母为分子加 1。这个分数即为与所需深度和地平线的距离，与地平线和视平线的距离之间的比值。

例如，定位 60 英尺（18 米）的深度：将 60 除以 20 得到 3，那么 3/(3+1)=3/4，因此视平线距离地平线 3/4 的距离即为 60 英尺（18 米）深。

同理可得，40 英尺（12 米）、80 英尺（24 米）、160 英尺（18 米）与 480 英尺（24 米）的深度的分数即为：2/3、4/5、8/9、24/25。如观看者与地平线的距离为 10 英尺（3 米），那么需要的深度应该（以 10 为单位）被 10 除。

（四）比例增量法

用这种方法可以找到奇数深度，如 7 英尺（2.1 米）、14 英尺（4.2 米）、47.75 英尺（14.5 米）等。从地平线增量的深度应当总是包括地平线和观看者的距离，即假设的 20 英尺（6 米）。在下面的示例中我们找 20 英尺（6 米）、45 英尺（1.5 米）和 60 英尺（18 米）深度所在的位置。

步骤

1. 如图 7-22，画出一条地平线并假设其为 10 英尺（3 米）长，将其长度缩短一半，画出 5 英尺（1.5 米）高的视平线。

2. 将一条工程标尺的刻度 0 放在地平线上任意一点。

3. 将想要的 40 英尺（12 米）深的刻度（20 加 20 英尺（6 米））与视平线对齐。标尺上的刻度 20 即为想要的从观看者开始的到 40 英尺（12 米）深的地方，或者说距离地平线 20 英尺（6 米）的深度。

4. 图 7-23 中使用了同样的方式来确定 65 英尺（1.5 米）深的位置 45 英尺（13.7 米）+20 英尺（6 米）。将刻度 0 对准地平线，刻度 65 对准视平线，刻

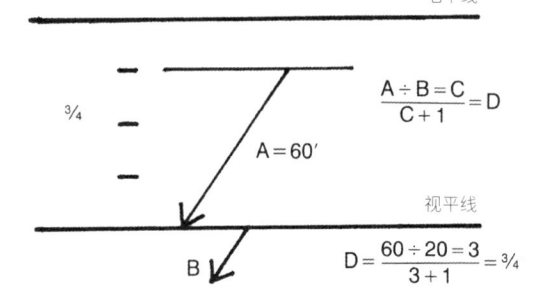

图 7-21

A: 需要的距离地平线的高度
B: 观看者距离地平线的高度
C: 分子
D: 所需深度的位置到地平线的距离与地平线到视平线距离的比值

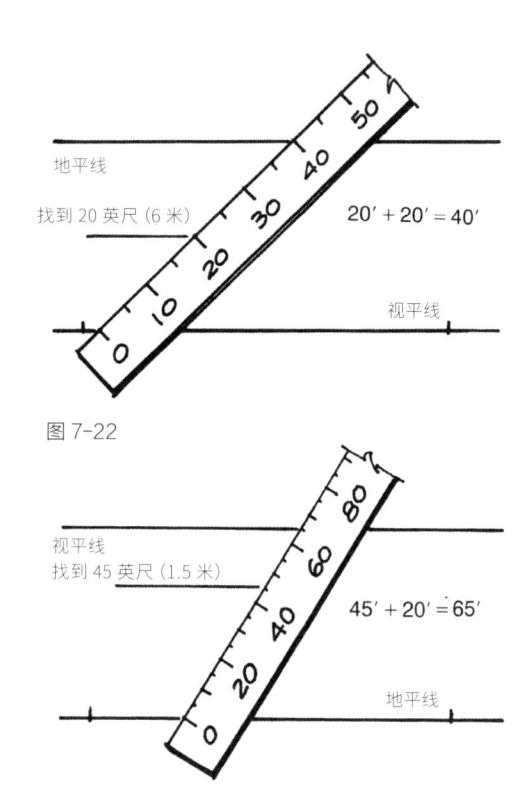

图 7-22

图 7-23

度45处即为想要的从观看者开始的65英尺(1.5米)的深度。

5.想要得到从地平线开始的62英尺(0.6米)的深度（图7-24），将刻度0对准地平线，将刻度82（62加20英尺）对准视平线。刻度62处即为想要的深度。

6.如果观看者距离地平线为10英尺(3米)远，那么任何从地平线开始的需要的深度都应当只加10英尺(3米)，而不是20英尺(6米)。

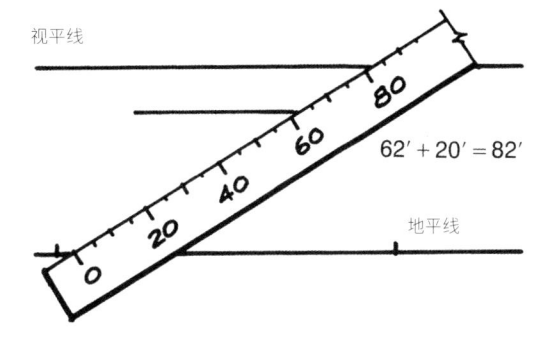

图7-24

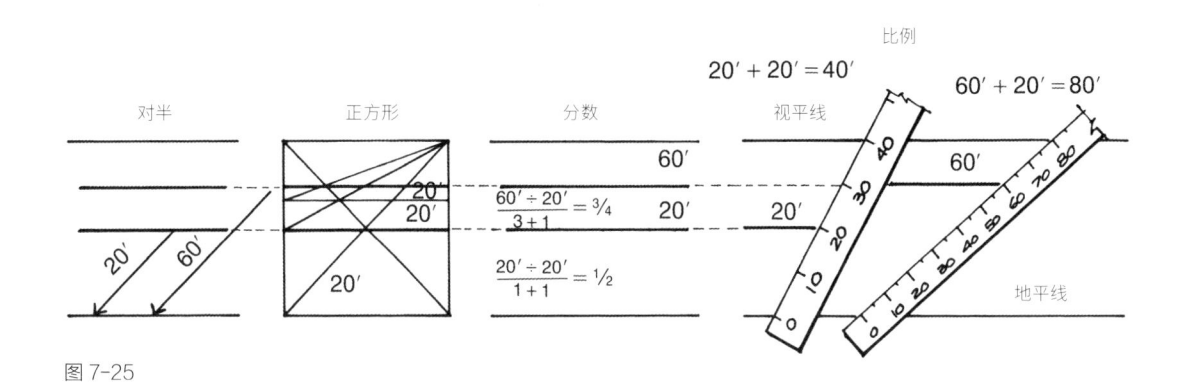

（五）四种方法的交叉验证

为了交叉验证这四种方式并在透视图中找到同样的深度，我们假设观看者与地平线的距离为20英尺(6米)，且用这四种方法确定的20英尺(6米)与60英尺(18米)深度的位置完全一样。便可选择

图7-25

最适用于画图的方式（图7-25）。

四、一点透视

观看者与所观看物体正对面，且没有任何角度时，得到的即为一点透视。观看者正对着的即为消失点。如果观看者移动，那么消失点也会随之移动。一点透视是非常容易学习与建构的，但它的透视图并不像两点透视与三点透视那样富有动感。下面介绍建构一点透视正规、快速的方法。

（一）正规方法

用这种方法构建一点透视非常精确，但较为费时，且冗长乏味。尽管如此，基础构建方法的原理是快速方法的基础。

在本例中，我们会建构一个20英尺（6米）宽、20英尺（6米）长、并由10英尺（3米）高的墙围住的一个庭院或室内空间的一点透视图。在庭院中有一个3.5英尺（1.5米）宽、5英尺（1.5米）长、3英尺高的盒子。这个盒子距离绘制面5英尺（1.5米），观看者距离绘制面15英尺（1.5米），并站在此空间中心点的正前方。

步骤

1. 画出绘制面，并将平面图放置在它的上面（图7-26）。将观察点定在距离绘制面15英尺（1.5米）的位置。用一把直尺穿过绘制面，将观察点与点C、D、E、F、G、H连接起来。

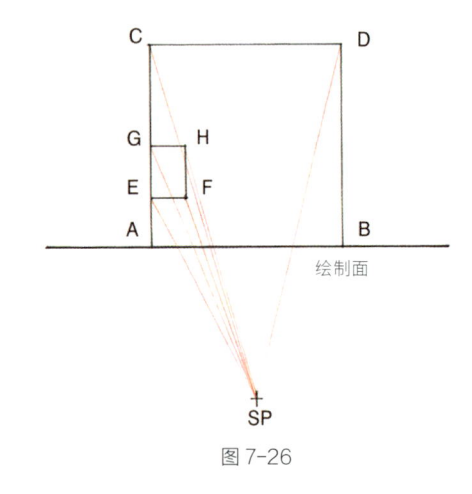

2. 在任意位置画地平线（图7-27）。依据比例画一条5英尺（1.5米）高的视平线。由观察点垂直向下画一条线与视平线相交于V点，V点即为消失点的位置。观测点与点C、D、E、F、G、H的连线与绘制面均有交点，从这些点向地面线画垂直线。

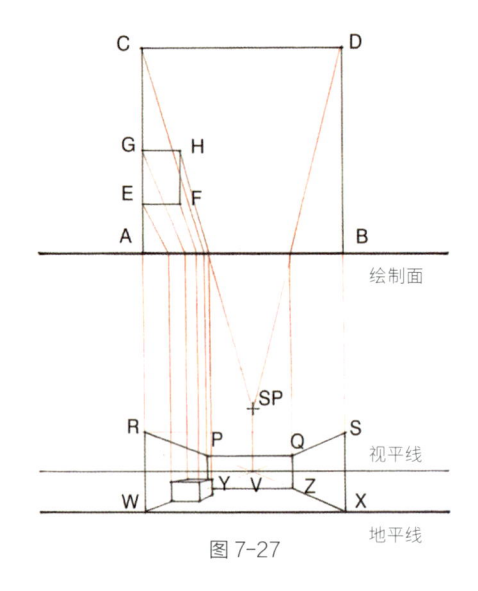

3. 定位墙W与×的外边缘，用前面介绍的任意一种方式找到墙10英尺（3米）高度的点R与S。将W、X、R、S与消失点连接，构建出墙的地面与顶面。并确定后墙PQYZ。

4. 在平面图内确定空间的基部，并用前面讲过的任意一种方式来确定其高度。

（二）快速方法

接下来介绍的方法也是一步一步地建构起一个典型的一点透视图，这种独特的方法也可以让你从一开始就控制透视图的大小，避免尺寸过大或过小。

如果视平线为5英尺（1.5米），那么空间的宽度一般不应该超过60英尺（18米）。下方示例中所画的庭院，宽度为20英尺（6米）、深度为20英尺（6米）、墙的高度为10英尺（3米）。观看者站在正中心，

图7-26

图7-27

与这个空间的距离为 20 英尺（6 米）。

步骤

1. 在画面的底部画出地平线（图 7-28）。在纸的左侧、右侧于下方留出 1 英尺~3 英尺的空白。

将地平线分成四等份，每等份代表 5 英尺（1.5 米）。

2. 使用一个弧形或一根 45° 的线，从地平线上 5 英尺（1.5 米）处画出一条弧线，建立起视平线（水平线）（图 7-29）。

将消失点（V）放置在中央、这意味着观看者面对这个空间的正中，但位于这个空间外的 20 英尺（6 米）处。将 A、B 与 V 点连接，画出这个空间的基线。

3. 通过确定点 A 与 V 点之间的点 C，确定图中 20 英尺（6 米）的深度（图 7-30）。从点 A 到点 C 的距离即为 20 英尺（6 米）。AC 也与观看者和地平线（或绘制面）的距离等同。后墙与视平线和地平线的距离不宜过远或过近。通过点 C 画一条平行线，与 BV 相交于 D 点。

为了确定后墙的高度（CG 与 DH），分别从点 C 与 D 点画两条垂直线。因为我们设定了视平线的高度为 5 英尺（1.5 米），所以所有从视平线垂直向下至地平线的线条均为 5 英尺（1.5 米）。因此，我们只需将从点 C 到视平线的垂直线向上加一倍，即可得到后墙的高度。将 G 点与 H 点相连接即可获得后墙

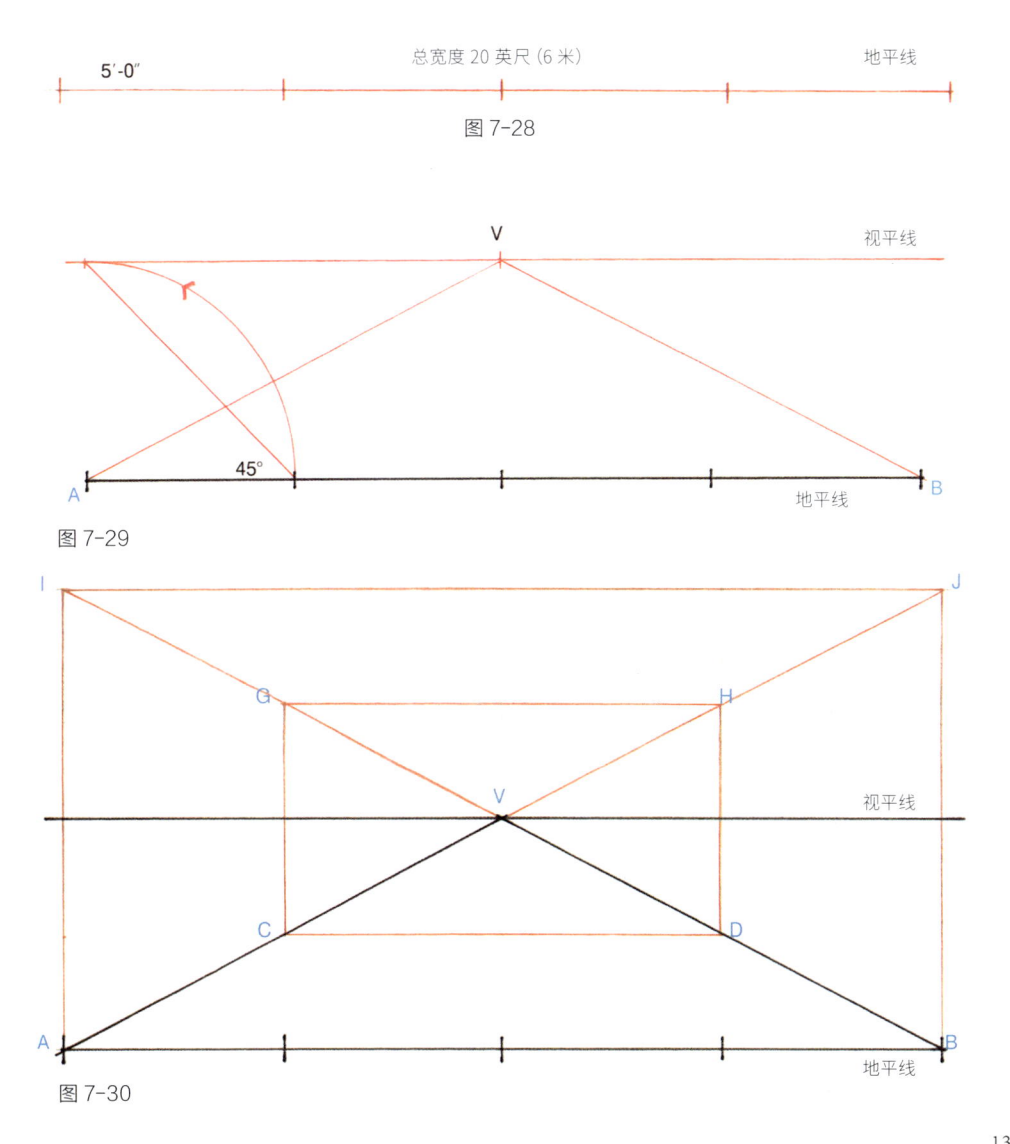

图 7-28

图 7-29

图 7-30

的轮廓。

4. 为了完成前绘制面，连接 V 点与 G 点、V 点与 H 点并延长至点 A 与点 B 之上。从点 A 与点 B 向上画垂直线，这两条垂直线将与 VG 和 VH 的延长线分别相交于 I 点与 J 点。

5. 将地平线以 1 英尺为单位均分为 20 份，将每个等分点与 V 点相连接（图 7-31）。连接点 C 与点 B，BC 与每条等分点与 V 点的连接线相交，过每个交点画水平线，画出地面的栅格。

6. 将后墙以 1 英尺为单位均分为 10 份，将每个等分点与 V 点相连，并延长至与墙的边缘线相接。

7. 在地面的水平栅格线与墙基线的交界处，向上画出垂直线（图 7-32）。

8. 利用地面与墙面的投射，画出天花板的水平栅格，并完成侧墙与天花板。

9. 在地面的栅格上确认目标的足迹（在图 7-33 中放置一个人）。

在物体的各个角向上画垂直线直到与视平线相交，这便使对象有了 5 英尺（1.5 米）的高度。

根据对象调整高度。记住空间中所有垂直线条在透视图中都要画得与视平线垂直，所有的水平线都与视平线平行。当对象的所有高度都被确定学习后，完成配景，最后完成这幅一点透视图。

图 7-31

（三）样例

详见图 7-34。

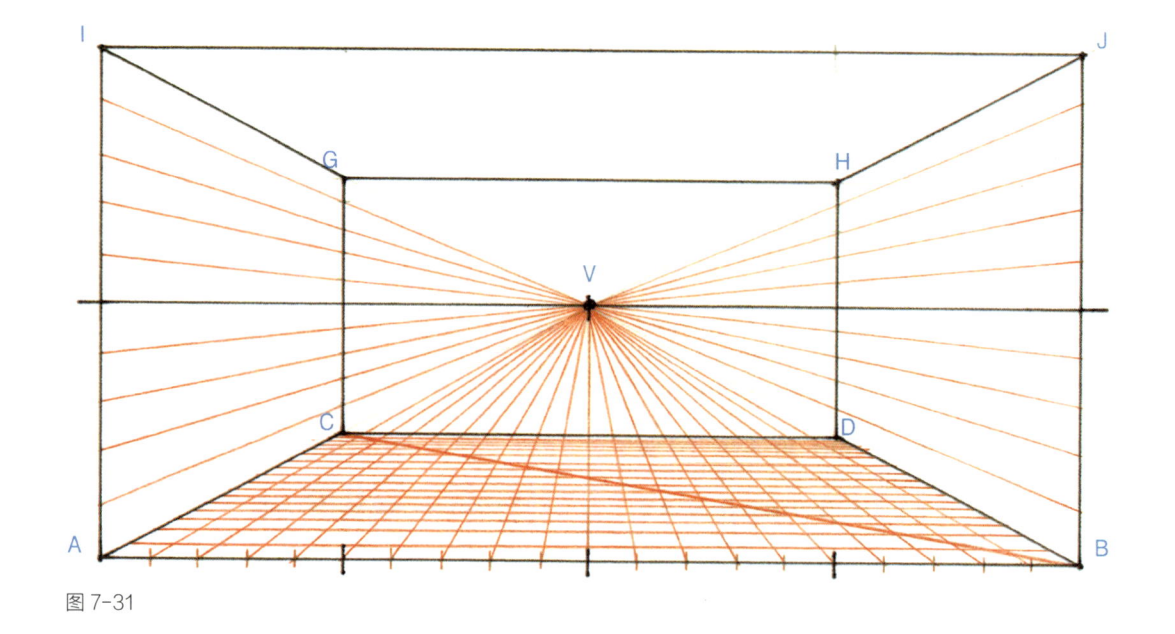

图 7-32

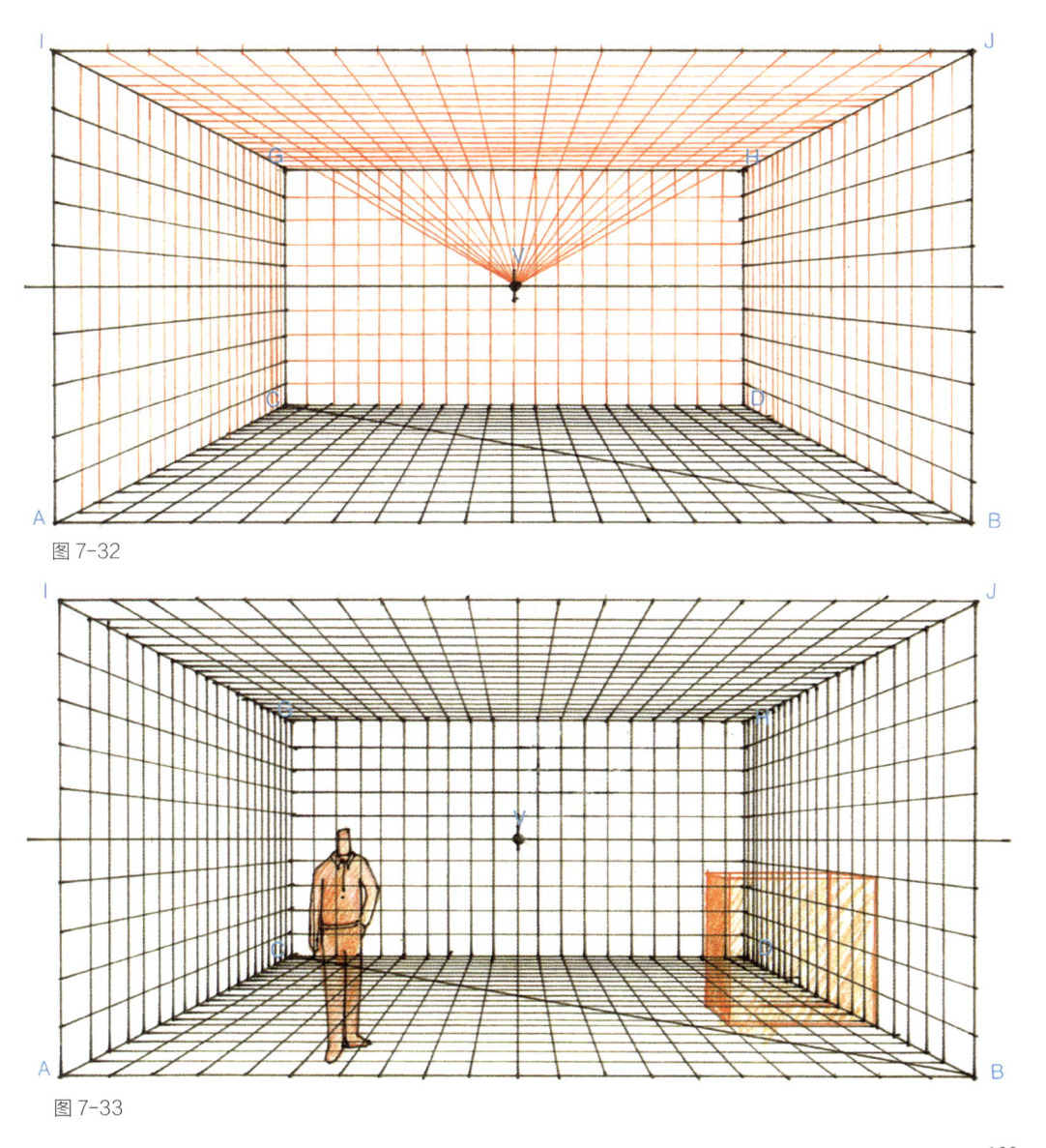

图 7-33

133

图 7 34 均使用马克笔、彩色铅笔、毡头笔、彩色蜡笔在 19 英寸 ×24 英寸（48.3 厘米 ×60.9 厘米）的马克纸上绘成，用时 1 小时。

五、两点透视

对于分析学习三维对象来说,两点透视是非常生动且实用的方式。观看者从一个角度来观看对象时,就会出现两点透视。一般来说,建立两点透视比建立一点透视会更加复杂。如果你制作一个相应的图表作为参考就会容易些。在此我们会先介绍两点透视构建的正规方法,然后再介绍一种快速方法。

(一)正规方法

正规方法构建能够让你从任何角度来画透视图,仅采用设计对象的正面和侧面。然而,这种方式很费时间,也很难预先控制完整的透视图大小。此外,一些前景物体,例如汽车和街灯,也不好定位。因为正式方法的基本原理构成了本章讲解的其他方法的基础,所以即使你倾向于使用快速构建法,或者透视投影图表(后面将要讲到),正规方法的基本原理也需要被理解。

在本章示例中,我们将构建一个建筑的两点透视,这座建筑 20 英尺(6 米)宽、10 英尺(3 米)深、10 英尺(3 米)高。我们距离这座建筑的角为 30 英尺(9 米),与这座建筑形成的角度为 30°和 60°。在下面的步骤中,步骤 1~3 将会讲解如何构建一个从上方观察的视图,这包括平面图、观察点、视平线上的两个消失点和一根代表绘制面的直线。步骤 4-5 将会介绍视平线与地平线、正视图和视平线上的两个消失点。步骤 6 将会讲解两点透视图最终是如何建构的。

步骤

1. 画出绘制面,即直线①(图 7-35)。将建筑的底面以 30°和 60°放置在绘制面上。这个角度可以提供一个最理想的角度。用与底面相同的比例,将观察点设置在建筑角下 30 英尺(9 米)处(因为假设观看者站在距离建筑的角 30 英尺(9 米)远)。

2. 从测点画出与建筑右边缘平行的直线②,这根直线与绘制面相交的地方即为右侧的消失点(RVP)。用同样的方法,即可用直线③画出左侧的消失点(LVP)。

3. 利用工程尺画出直线④,即把观测点与建筑的每个角连接。这些直线分别与绘制面相交于 G、H、I 点。

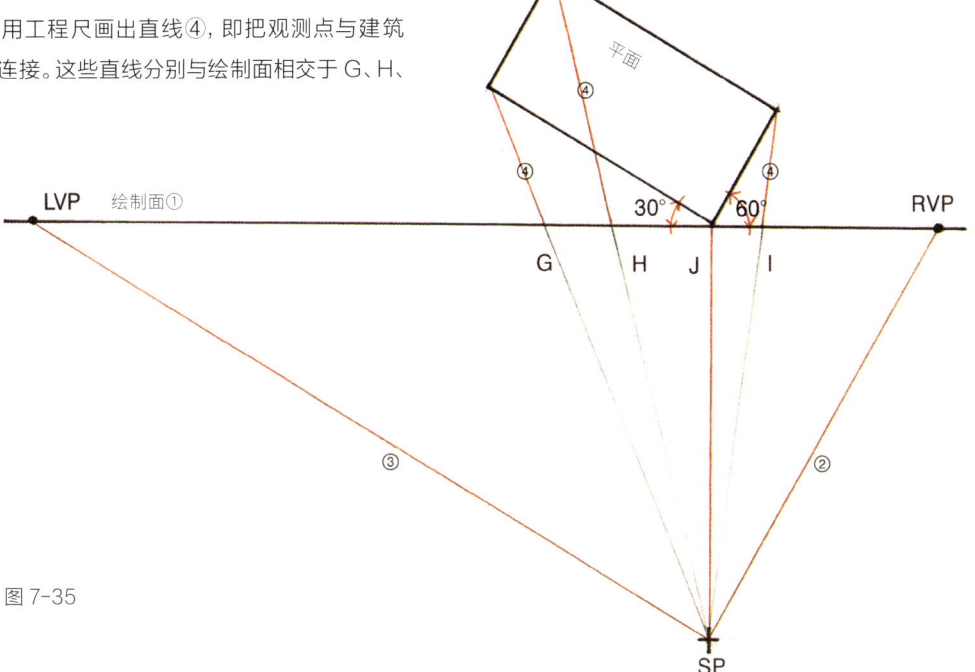

图 7-35

4. 在合适的位置画出地平线（直线⑤），将建筑的侧向正面图放在上面，正面图与平面图的尺寸比例要一致（图7-36）。

5. 保持同样的比例，在地平线上5英尺（1.5米）处画出视平线（直线⑥）。通过绘制面的左右两个消失点向下画垂直线（直线⑦），与视平线的交点即为视平线上的两个消失点（RVP和LVP）。从正面图将建筑的高度（直线⑧）投射到直线⑨，并得到交点K。

6. 将K点与L点分别连接RVP和LVP（直线⑩），并分别从G、H、I点向下画垂直线（图7-37）。这些直线（直线⑨）与直线⑩相交于A、C、B、D点。这样一个建筑的两点透视就完成了。

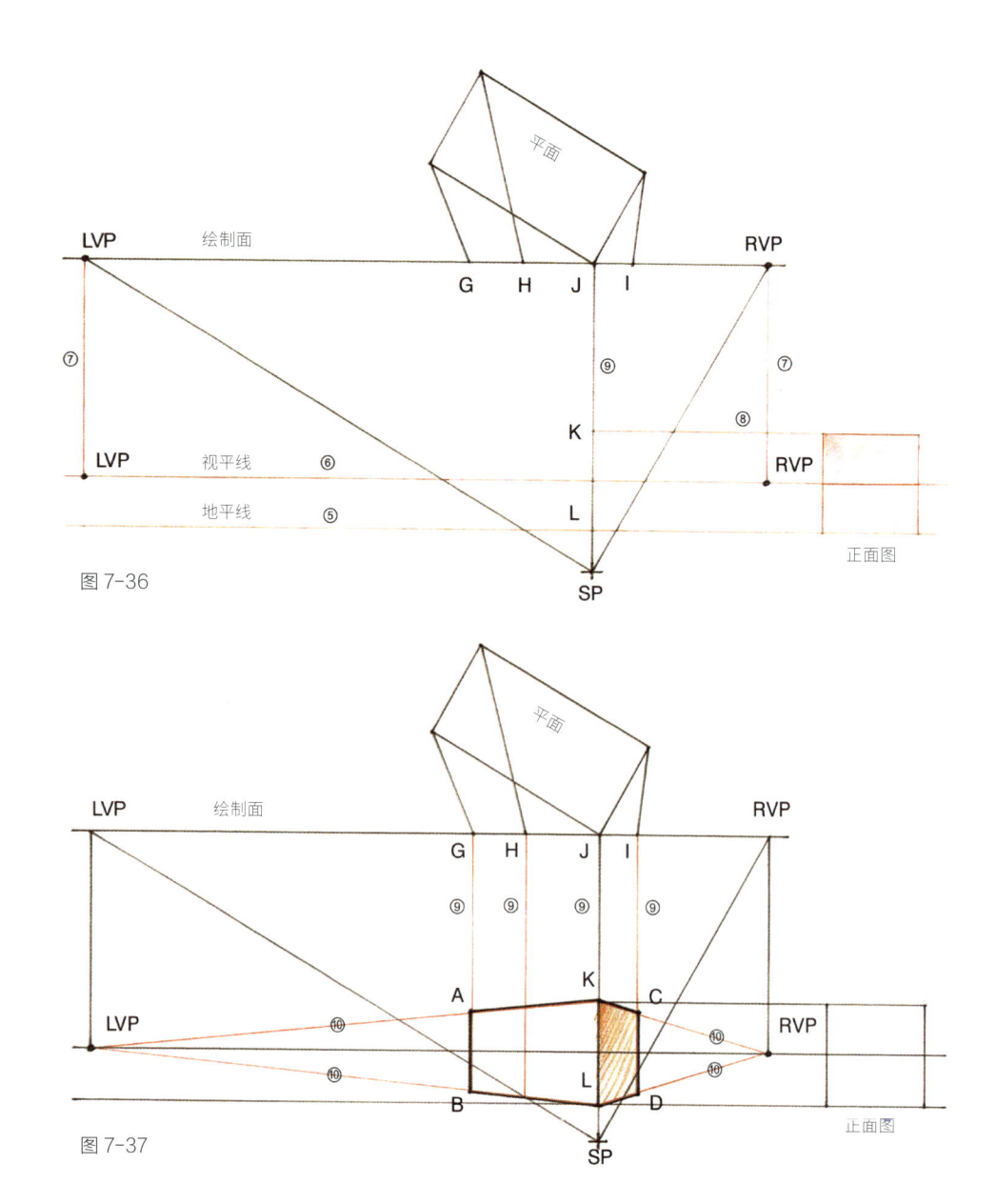

图 7-36

图 7-37

（二）快速方法

在没有透视图表的情况下，用这种方法来画草图是非常实用的。这里所用的图例为一座40英尺（12米）长、20英尺（6米）深、25英尺（1.5米）高的建筑。观看者高5英尺（1.5米），与建筑成30°和60°角。

步骤

1. 画一条5英尺（1.5米）高的视平线（图7-38），在视平线的两端任意取两点作为消失点（点A与点B）。

2. 找到位于视平线正中的点C（即LVP和RVP的中点），位于CB正中的D点，与位于DB正中的E点。

3. 将D点作为建筑的角（直线DB为直线AB的四分之一），向下画一条垂直线。将F点定为基点，直线DF为5英尺（1.5米）高。使用堆叠法获得建筑的高度，即25英尺（1.5米）（直线FG）。如果建筑需要离观看者更近，只要延长直线DF即可。连接AG、AF、BG和BF。

4. 过F点画一条与视平线平行的直线，使用与建筑的角同样的比例 [直线DF为5英尺（1.5米）]，从F向左侧测量40英尺（12米）确定H点，从F点测量20英尺（6米）确定I点。连接H点与E点，并于直线AF相交于J点。连接I点与点C，并与直线BF相交于K点。分别于J点与K点向上画垂直线确定L点与M点。

5. 这座建筑的两点透视就画完了，增加细节和配景即可。如要确定建筑上的某个点，先在直线HF或直线FI上定位此点。如果它在直线HF上，将此点与E点相连接，与直线JF相交；如果它在直线IF上，将此点与点C相连接，与直线FK相交。

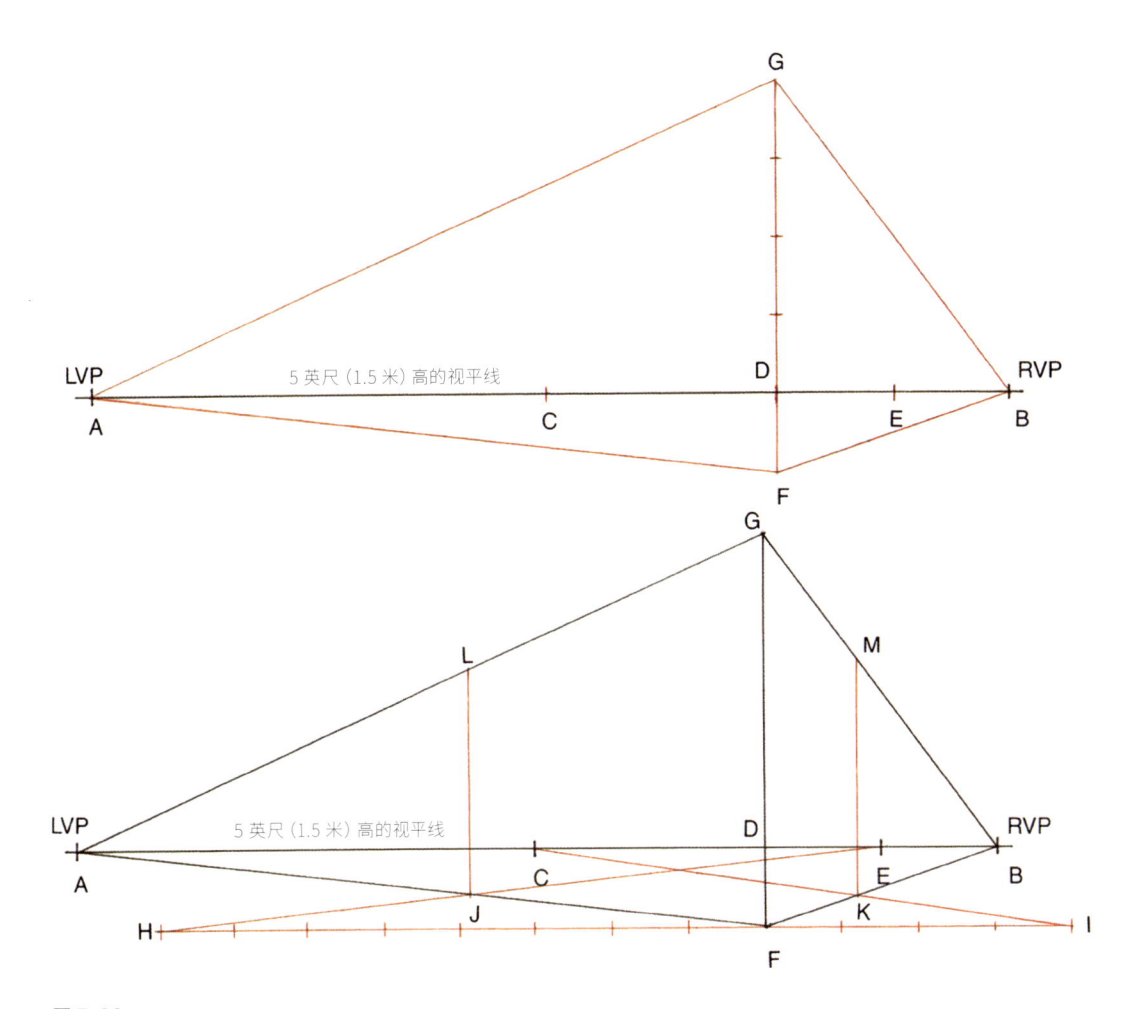

图7-38

步骤

1. 画一座建筑，在建筑的一半高度处确定中心 B（图 7-39）。然后连接点 B 与左侧消失点获得直线 2。

2. 连接点 A 与点 B，并将其延长至与直线 1 相交于 D 点。

3. 过 D 点向下画垂直线，并于直线②相交于点×。AC 的距离与 CE 相等。

4. 连接点 C 与点×，并延长至与直线①相交于 F 点。画一条垂直线 FG，CE 的距离与 EG 相等。

5. 重复上述步骤，即可获得更多等长增量。

请注意直线 AD、CF、EH 的延长线最终会在一个点相交，这个点会位于左侧消失点的正上方。将辅助我们检验作图的精准度。

（三）圆的透视

这里介绍的两种方法：第一种有些粗略，可以用来画草图；第二种虽然复杂一些，但更为精确。

方法一步骤（图 7-40）

1. 在透视图中画一个正方形 ABCD。

2. 画出斜线 AC 和 BD，并确定点 E、点 F、点 G 和点 H。

3. 在直线 BO 上距离点 B 略小于四分之三处画出 I 点（或将直线 BO 先分成两半，再取一半的一半略长的一点）。用同样的方法画出 J、K 和 L 三个点。

4. 用重复线技法，将点 E、点 I、点 F、点 J、点 G、点 K、点 H 和点 L 连接，画出这个圆。

方法二步骤（图 7-41）

1. 在透视图中画一个正方形 ABCD，将直线 BC 与直线 CD 分别分成四个增量。依据这些增量，画 16 个小正方形。

2. 将点 A 与 H 点和 M 点相连接，点 B 与 K 和点 P 相连接，点 C 与 G 点和 N 点相连接，点 D 与点 J 和点 E 相连接。

3. 用重复线技法将点 F、点 O、点 L 和点 I 与其他相交点相连接，画出这个圆。

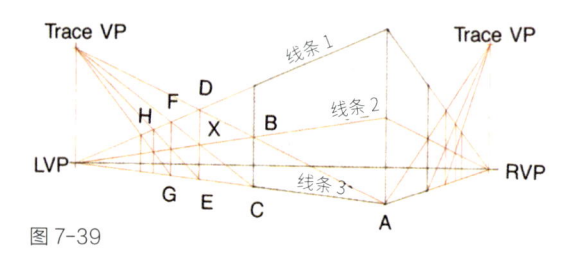

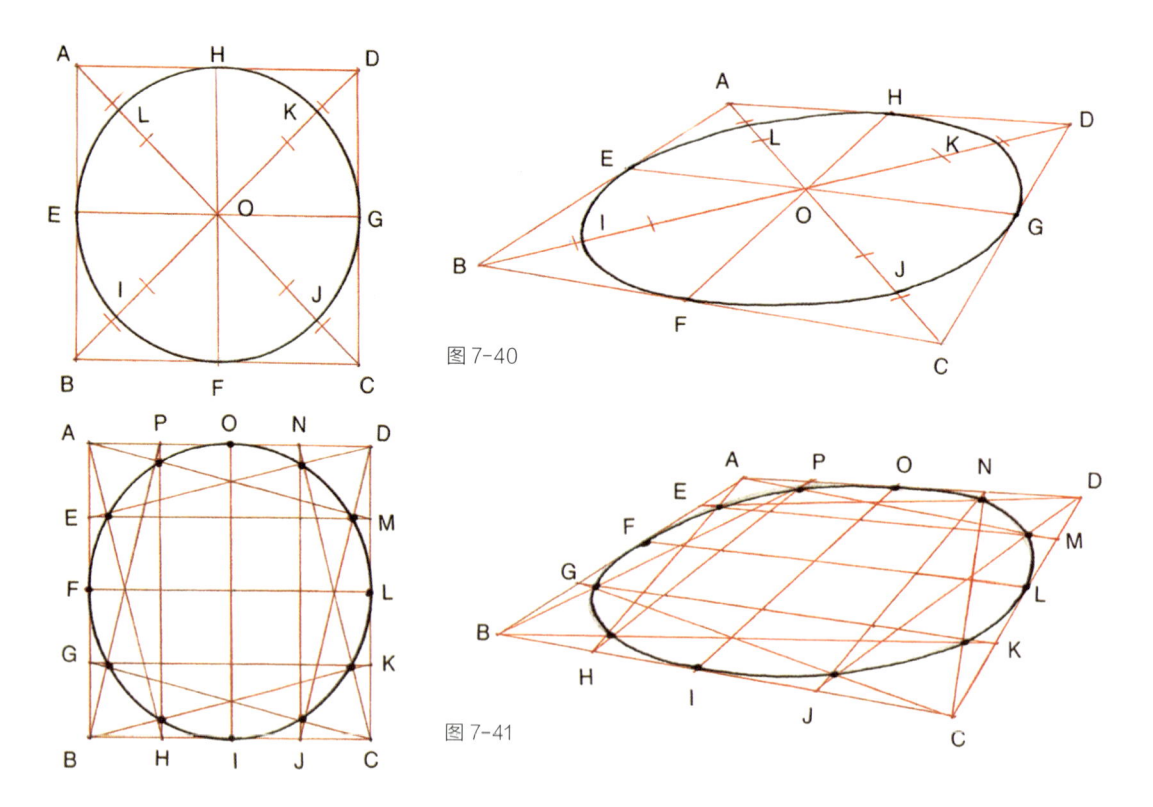

图 7-39

图 7-40

图 7-41

六、使用透视图表

使用透视图表，又快又方便，尤其是使用描图纸时，效率更高。

这里所展示的透视图表（图7-42）所使用的是30°和60°的透视，并设定了其他条件。

▶ 观看者高5英尺（1.5米），并与栅格成30°和60°的角度，形成了最佳的视域。

▶ 地面栅格与天花板栅格间距50英尺（15.2米），并用一根比例杆连接。这根杆距离观看者的左臂70英尺（21.3米），右臂40英尺（12米），距离观看者80英尺（24米）。两个栅格与观看者都是固定的，视平线为5英尺（1.5米）高。

▶ 此图表栅格的增为1英尺（0.3米），为了方便计算，每10英尺（3米），线条会稍粗一些。X值表示深度，Y值表示宽度。

▶ 两条虚线表示绘制面，虚线的圆表示观看者的视域。为了避免扭曲变形，需要画出的元素应该在这个圆内。图中标出了两个消失点。有3种尺寸的透视图表，以用于不同尺寸的效果图：小号[11英尺×17英尺（3.4米×5.2米）]、中号[17英尺×24英尺（5.2米×7.3米）]和大号[24英尺×36英尺（7.3米×10.9米）]。

透视图表印在耐磨的高质量塑料纸上，并且为双面印刷，便于查看使用。

在下面的示例中，我们将用这个图表来绘制一座建筑、一组建筑、一个室内空间或庭院，以及一个俯瞰视角的两点透视图。

（一）一座建筑

用作示例的这座建筑（图7-42），正面70英尺（21.3米）宽、30英尺（9米）深、30英尺（9米）高。这座建筑的侧边距离观看者的右臂40英尺（12米），这座建筑的正面距离观看者的左臂70英尺（21.3米）。在建筑面前有一条宽20英尺（6米）的人行道，人行道的旁边还有一条宽30英尺（9米）的街道（见平面图）。

步骤

1. 在比例杆的顶端（刻度50）确定点B，在线X70上，向LVP方向数七个10英尺（70英尺，即21米）确定点A。在线Y40上，向RVP方向数三个10英尺（30英尺，即9米）确定点C。这样就在50英尺（15.2米）高的天花板上建构了一个70英尺×30英尺（21.3米×9米）的平面。

2. 在比例杆的底端（刻度0）确定E点，将E点与RVP和LVP相连接，这样就构成了这座建筑的底。

3. 从点A与点C向底部作垂直线，与专注的基线相交于D点与F点，这样就构成了建筑的边。

4. 在垂直的杆的30英尺（9米）刻度处确定G点，并将其与RVP和LVP相连接，画出建筑的顶。这样就构成了建筑的轮廓。

5. 从E点向外数2个10英尺（3米）间隔，在线条X50上确定距离建筑20英尺（6米）远的人行道的位置。然后从人行道的边缘再向外数3个10英尺（3米），在线X20上确定30英尺（9米）宽的街道的位置。

6. 添加细节和配景来完成这幅透视图。

7. 如果建筑的右侧需要展示更多细节，可以使用图表的另一面，用相同的步骤完成绘图。

技巧

▶ 因为天花板的栅格距离地面50英尺（15.2米），观看者可以更简单、精确地感知深度。因此，在天花板栅格上画出平面，再将它投射到地面上，来确定建筑的宽度和深度。这样建筑的高度就容易被确定了。

▶ 记住，任意一条从视平线到地平线的线条，均为5英尺（1.5米）高。

▶ 栅格的尺寸可以被放大或缩小但是需要注意的是，任何尺寸的改变都需要三个坐标同时应用。比如，如果一个50英尺（15.2米）高的天花板变为100英尺（30.5米）高，那么视平线也会增加至10英尺（3米），1英尺一格的栅格也会变为2英尺（0.6米）。

▶ 使用红色铅笔来构建或勾画透视线，红线将与图表中的黑线相区分，有助于增加图表的可读性。红色铅笔也有助于设计者产生创意。

（二）一组建筑

在图7-43的示例中，观看者是固定的，建筑与观看者的距离不等。它们用不同的颜色来表示，并重叠放置在同一张透视图中，以展示不同的建筑如何都处于一个观察者的视野中。每一座建筑都以平面图中显示，它们距离观察者的位置也确定下来。

这里将一步一步解说如何全局地、按比例地把建筑定位在图表中。所有建筑都为相同的高度[50英尺（15.2米）]但大小不同。红色建筑A为50英尺（15.2米）宽，50英尺（15.2米）深；蓝色建筑B为40英尺（12米）宽，50英尺（15.2米）深；蓝色建筑C为110英尺（3米）宽，200英尺（60.9米）深。

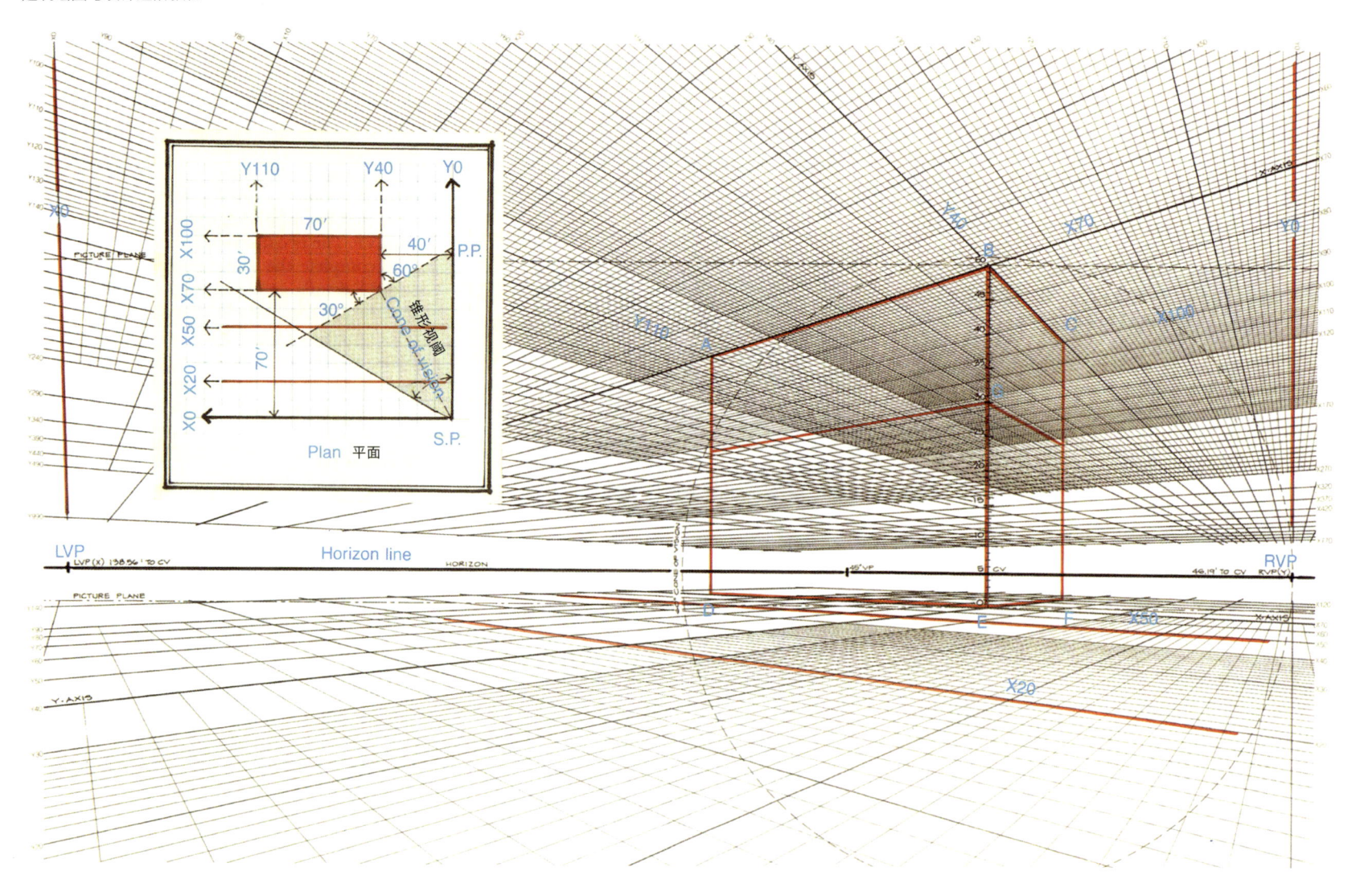

图 7-42

第七章 透视绘图

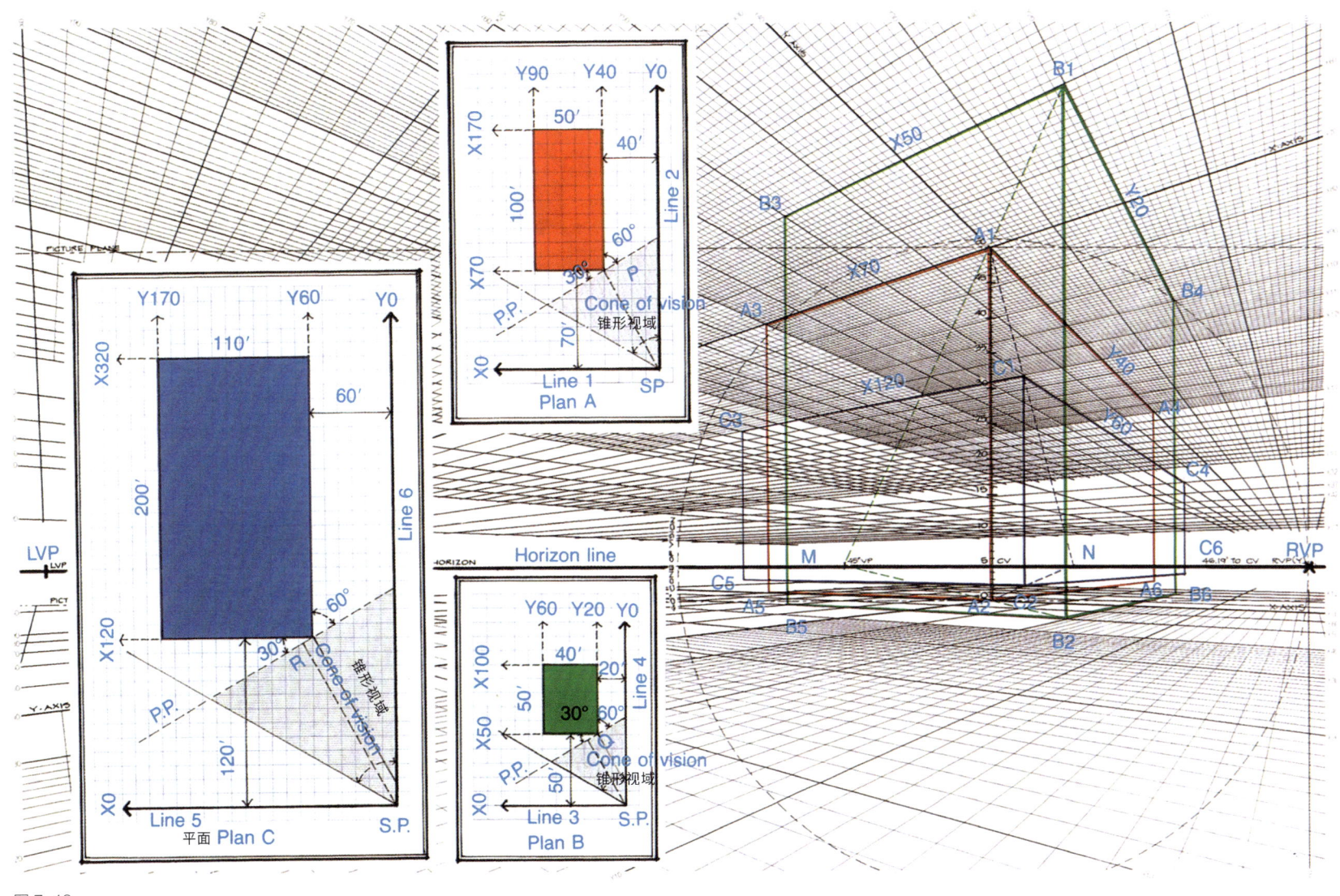

图 7-43

141

它们全部位于观察者的锥形视域中。

绘制红色建筑 A 的步骤

1. 在纸上画出这座建筑的平面图,正面为 50 英尺(15.2 米)宽、侧边为 100 英尺(30.5 米)长。将平面图的角定为点 P,并画一条与此平面的正面为 30°的线。从 P 点开始,画一条正交线。

2. 在 30°和 60°三角形的 60°角处建立锥形视域,将这个角分为两半,并画一条三角形 60°角的等分线。这条等分线要与平面上的正交线平行。三角形的两条边会几乎与建筑的边相碰,但两侧仍有很小的缝隙。接下来,在平面图上三角形的边缘处画线,即可得到观看者的锥形视域(以暗部显示)。

3. 从锥形视域的角(即为观看者的位置)画两条直线,分别与建筑的正面与侧面平行(直线 1 与直线 2,即观看者是左臂或右臂)

4. 使用与平面图相同的比例,测量从建筑正面到直线 1 的距离,在这个例子中即为 70 英尺(21.3 米),从建筑侧面到直线 2 的距离为 40 英尺(12 米)。

5. 正如第 4 步所确定的,观看者位于距离建筑正面 70 英尺(21.3 米),距建筑侧面 40 英尺(12 米)的位置。因为建筑位于锥形视域之内,所以可以被观

看者很好地观察。在天花板的栅格上,从左臂 X0 向内数 7 个间隔(X70),从右臂 Y0 向内数 4 个间隔(Y40)。线条 X70 与 Y40 的相交点(A1),即建筑的角的顶部。

6. 因为点 A1 与比例杆的顶端是同一点,这座建筑的高度即为 50 英尺(15.2 米),所以建筑的底 A2 也就与比例杆的刻度 0 是同一点。

7. 从点 A1 向 LVP 数 5 个 10 英尺(3 米)间隔确定 A3,向 RVP 方向数十个 10 英尺(3 米)确定 A4,这样既可得到建筑的顶部的边。

8. 将 A2 与 RVP 和 LVP 相连接,确定建筑的底。

9. 从点 A3 与点 A4 分别画垂直线,在点 A5 与点 A6 处于底部相交,既可描绘出整个建筑的形状。

绘制绿色建筑 B 的步骤

绿色建筑 B 正面为 40 英尺(12 米)宽,50 英尺(15.2 米)深,50 英尺(15.2 米)高。由于这座建筑较小,所以需要将它朝前放置,以更好地适应观看者的锥形视域。基本的绘制步骤与建筑 A 相同。

1. 在纸上画出这座建筑的平面图,正面为 40 英尺(12 米)宽、侧边为 50 英尺(15.2 米)深。

2. 将这个平面的角放置于点 Q,并画一条与建筑平面图正面为 30°角的直线。

3. 从点 Q 开始向下画一条正交线。

4. 再次利用三角形 60°的角,确保沿三角形的边画的直线与平面图上的正交线平行。用与红色建筑相同的方法构建。沿三角形的三条边,在平面图上画出观看者的锥形视域。

5. 从锥形视域的角,画出直线 3 与直线 4,这两条线分别与建筑的正面与侧面平行。

6. 使用与平面图相同的比例,测量建筑正面与直线 3 的距离为 50 英尺(15.2 米),建筑侧面与直线 4 的距离为 20 英尺(6 米)。

7. 在天花板栅格上,从 X0 向内数 5 个 10 英尺(3 米)间隔,确定线条 ×50,从 Y0 向内数 2 个 10 英尺(3 米)间隔,确定线条 Y20。线条 X50 与线条 Y20 的相交处即为建筑的角(B1)的顶。

8. 使用一点透视中讲过的高度透视法,确定建筑的底。首先连接 B1 与红色建筑上的 A1,并延长这条直线到地平线,得到点 M(这正好与图中 45VP 的点重合)。从点 M 通过红色建筑上的 A2 点延长一条线,与 B1 的垂直线相交于 B2。

9. 从点 B1 向 LVP 数 4 个间隔确定点 B3，并向 RVP 数 5 个 10 英尺（3 米）间隔确定 B4。

10. 连接 B2 和 RVP 与 LVP 来构建绿色建筑 B 的底。

11. 由 B3 与 B4 向下画垂直线与底线相交，这座 50 英尺（15.2 米）高的绿色建筑的形状就被构建出来了。

绘制蓝色建筑 C 的步骤

蓝色建筑 C 正面为 110 英尺（3 米）宽、200 英尺（60.9 米）深、50 英尺（15.2 米）高。因为这座建筑比红色建筑 A 大四倍，所以它需要离观看者更远，以适应观看者的锥形视域。

1. 在纸上画出这座建筑的平面图，正面为 110 英尺（3 米）宽、侧面为 200 英尺（60.9 米）深。

2. 将这个平面的角放置于点 R，并画一条与建筑平面图正面为 30°角的直线。

3. 从点 R 开始向下画一条正交线。

4. 使用三角形 60°的角，在平面图上构建建筑的轮廓，并画出观看者的锥形视域。

5. 从锥形视域的角，画出直线 5 与直线 6，这两条线分别与建筑的正面与侧面平行。

6. 使用与平面图相同的比例，测量建筑正面与直线 5 的距离为 120 英尺（6 米），建筑侧面与直线 6 的距离为 60 英尺（18 米）。

7. 在天花板栅格上，从 X0 向内数 12 个 10 英尺（3 米）间隔，确定 ×120，从 Y0 向内数 6 个间隔，确定 Y60。线条 ×120 与 Y60 的相交处即为建筑的角（C1）的顶。

8. 使用工程尺连接 A1 与 C1，并延长至视平线与其相交于点 N。将点 N 与红色建筑的 A2 相连接，与 C1 的垂直线相交于 C2。

9. 从点 C1 向 LVP 数 11 个 10 英尺（3 米）确定点 C3，并向 RVP 数 20 个间隔确定 C4。

10. 连接 C2 和 RVP 与 LVP 来构建蓝色建筑 B 的底。

11. 由 C3 与 C4 画向下画垂直线，与底线相交，这座 50 英尺（15.2 米）高的蓝色建筑的形状就被构建出来了。

通过上述三个例子，三个不同尺寸的建筑可以被控制并在观看者的锥形视域内显示，正如图中虚线所画的圆标识出来的一样。最大的蓝色建筑，因为与观看者的距离最远，看起来较低；而最小的绿色建筑与观看者的距离最近，看起来较高——但事实上它们都是 50 英尺（15.2 米）高。

在理解上述技法后，任何建筑都可以使其平面图与 60°三角形构建的视域匹配，用 3 种尺寸的透视图表中的一种轻松构建，并用希望呈现的大小展示效果图。这样，设计师就可以用一种三维感觉来进行设计和表现了。

样例

图 7-44 为使用上述方法的两点透视图例。

图 /-44 均使用马克笔、彩色铅笔与毡头笔在 19 英寸 ×24 英寸（48.3 厘米 ×60.9 厘米）马克纸上绘制，用时 1 小时~2.5 小时。

（三）室内空间或庭院

这座室内空间或庭院（图 7-45）为 30 英尺（9 米）宽、20 英尺（6 米）深、10 英尺（3 米）高。观看者为 5 英尺（1.5 米）高，站在这个空间的右侧，与它的正面成 30° 和 60° 的角度，距离其正面为 10 英尺（3 米）。

步骤

1. 画出右侧墙的底 Y0。向左数 30 英尺（9 米）确定直线 AC（Y30）。
2. 画出正面空间的基部（线条 X10），向后数 20 英尺（6 米），确定直线 CF（X30）。直线 Y30 和 X30 相交于点 C。
3. 从点 C 向上画一条垂直线至点 D，构建一个 10 英尺（3 米）高的天花板（使用堆叠法）。
4. 由 D 点顺着栅格线确定 DG，来完成后墙的顶。还是由 D 点沿着栅格线确定 DB，完成左墙的顶。将 A 与 B 相连接，将 B 与 E 相连接，即可构建天花板。
5. 在这个空间的地面栅格上确定各个细节和环境因素的位置，将它们向上建构。

技巧

▶ 记住，在绘制庭院或室内空间时，观看者与空间的距离很小。
▶ 从线条 Y0 开始作为这个空间的右侧边，然后向左数出这个空间的宽度。从线条 X10 开始作为这个空间的正面，并向后数出这个空间的深度。
▶ 先在地面栅格上确定设计元素的位置，再用同样的方法建立它们的高度。

样例

详见图 7-46。

俯瞰透视

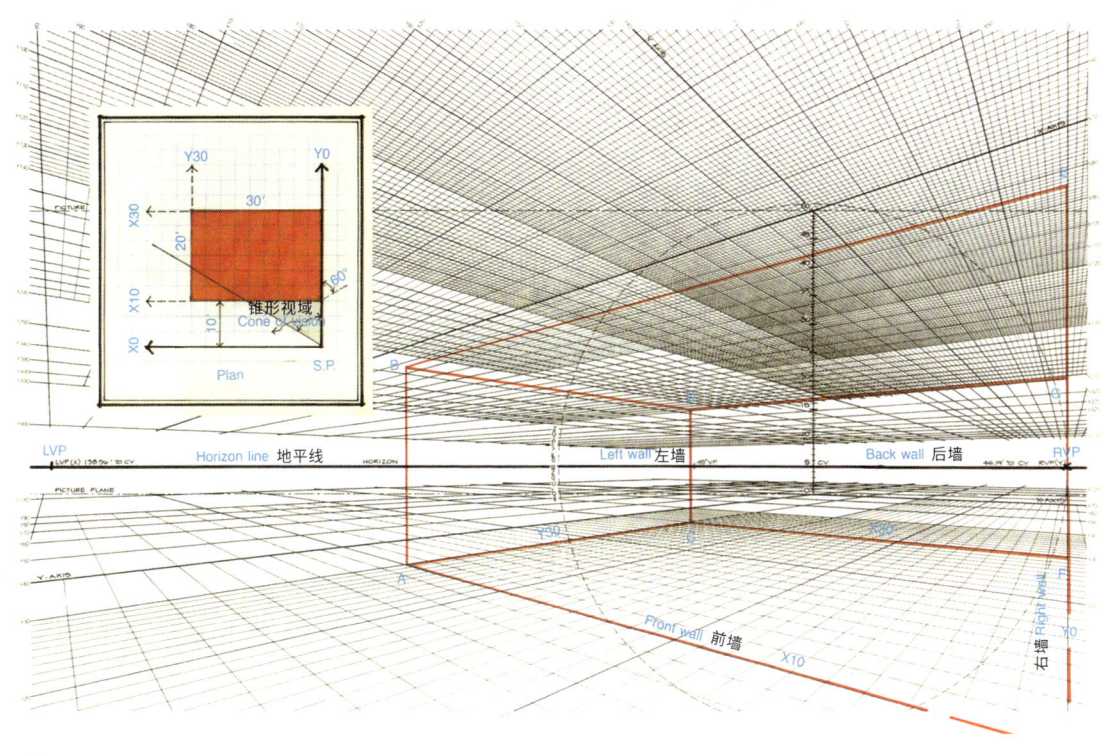

图 7-45

图 7-46 均使用马克笔、彩色铅笔与毡头笔在 19 英寸 ×24 英寸（48.3 厘米 ×60.9 厘米）马克纸上绘制，用时 1 小时 ~2 小时。

俯瞰透视主要用于面积大、情况复杂的设计项目，为其提供一个整体的全貌。俯视图也被称为鸟瞰图。使用同样的图表，只不过是将其倒置使用。

样例中的建筑正面为 50 英尺（15.2 米），侧面也为 50 英尺（15.2 米），高度为 30 英尺（9 米）（图 7-47）。它距离观看者的左臂为 40 英尺（12 米），距离其右臂为 70 英尺（21.3 米）。

步骤

1. 从栅格的左臂（Y0）数 4 个间隔，确定线条 Y40。从右臂（X0）朝里数 7 个间隔，确定线条 ×70。两条直线相交于点 A。

2. 从点 A 向 LVP 数 5 个 10 英尺（3 米）间隔，确定点 C，并向 RVP 数 5 个 10 英尺（3 米）间隔，确定点 D。这样就构建了这个建筑的底。

3. 因为点 A 与比例杆的底部重叠，从点 A 向上数 30 英尺（9 米），确定点 B，并确定建筑物的高度。从点 C 与点 D 分别向上画垂直线。从点 B 沿着栅格线向 RVP 与 LVP 画线，它们在点 F 和点 E 与前面画的垂直线相交，建筑的顶就建立起来了

4. 从点 E 画线朝向 RVP，从点 F 画线朝向 LVP。这两条线在 G 点相交，这样这个建筑的形状就绘制出来了。

5. 增加细节和环境因素。记住现在视平线为 45 英尺（1.5 米）。所以一个 5 英尺（1.5 米）高的人不管位于地面的哪一个点，都应该被相应降低（即为这个人的观察点到视平线距离的九分之一）。

技巧

视平线为 45 英尺（1.5 米）。因为栅格被倒置使用，天花板与地面栅格的距离为 50 英尺（15.2 米）。视平线为 45 英尺（1.5 米），从地平线向下画任意垂直线到地面，均为 45 英尺（1.5 米）（50-4=45）。

记住要把建筑的平面或地基的规划平面放置在地面，因为图表已经倒置过来了，而地面栅格比天花板栅格更便于读图。

样例

详见图 7-48。

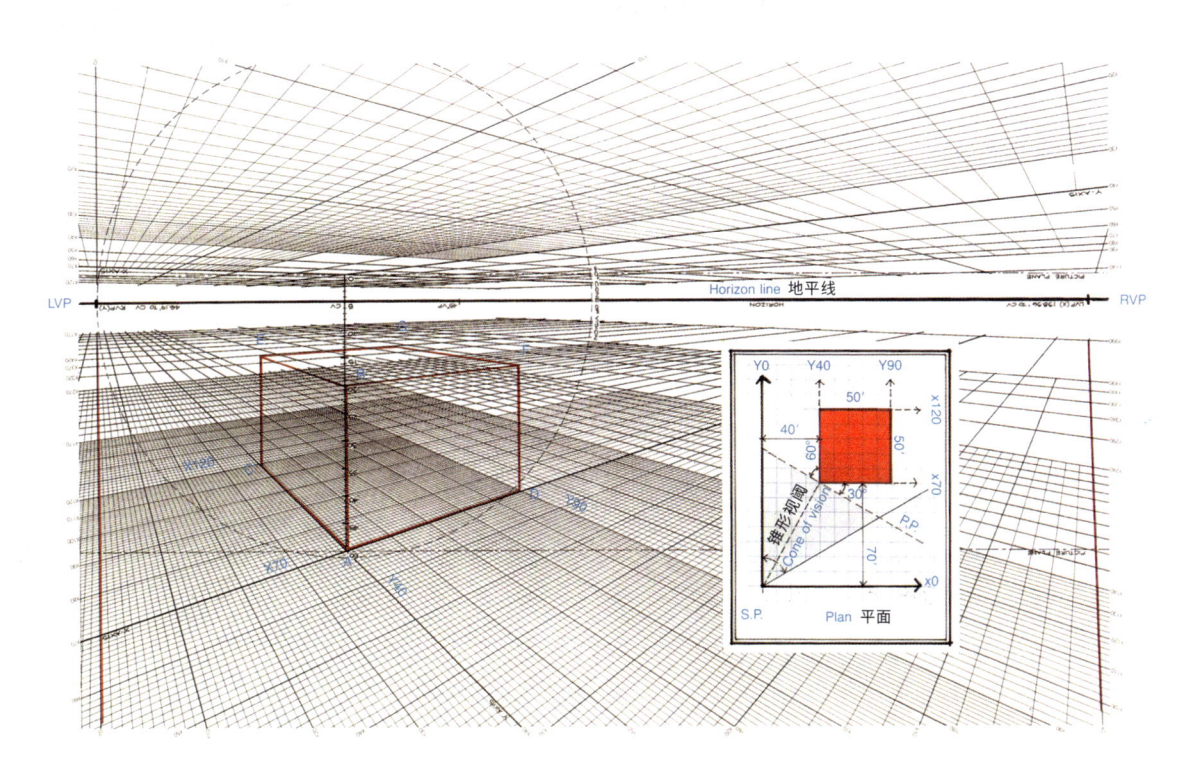

图 7-47

图 7-48 左上：雪莉·史蒂芬森；右上：史蒂夫·夏汰伦，左下：巴塞·古夫，右下：达伦·拉诺，均为麦克·W. 林绘图工作室培训班学员。均使用马克笔、彩色铅笔、毡头笔与彩色蜡笔在 19 英寸 ×24 英寸（48.3 厘米 ×60.9 厘米）马克纸上绘制，包括设计时间在内，用时 3 小时~5 小时。

七、侧面线条技法

侧面线条技法又被称为三向投影,这是一种比较快速、简便构建的方法,并展示整体空间关系的方法。这种方法有点像在三维空间展示二维平面图。使用这种方法需要先准备好平面图与正面图(图7-49)。

步骤

1. 以最终效果图希望呈现的角度,将平面图贴在桌子上(图7-50)。
2. 画出视线。视线上的箭头指向观看者所看方向。
3. 在视线上任意定位一点,但靠下会比较好,因为这是观看者的水平点。
4. 将一张描图纸放盖在正面图上,并画一条与地平线垂直的线(图7-51)。在这条线上标出平面图上每个水平的变化。
5. 将这条标记线放置在视线上,将两者排列起来(图7-52)。顶的标记放置在观看点上,另两个标记在下方。
6. 一次只画一个面。先画顶部的面,再向视线方向平行移动标记线,使第二个标记点与观看者的水平点重合。画出中间的面,再将垂直线连接起来,即可完成所有垂直面。
7. 重复步骤6来画每个面。将接下来的标记对准观看点,画出底面,这样就全部完成了。图7-53即为这种手法的样例。

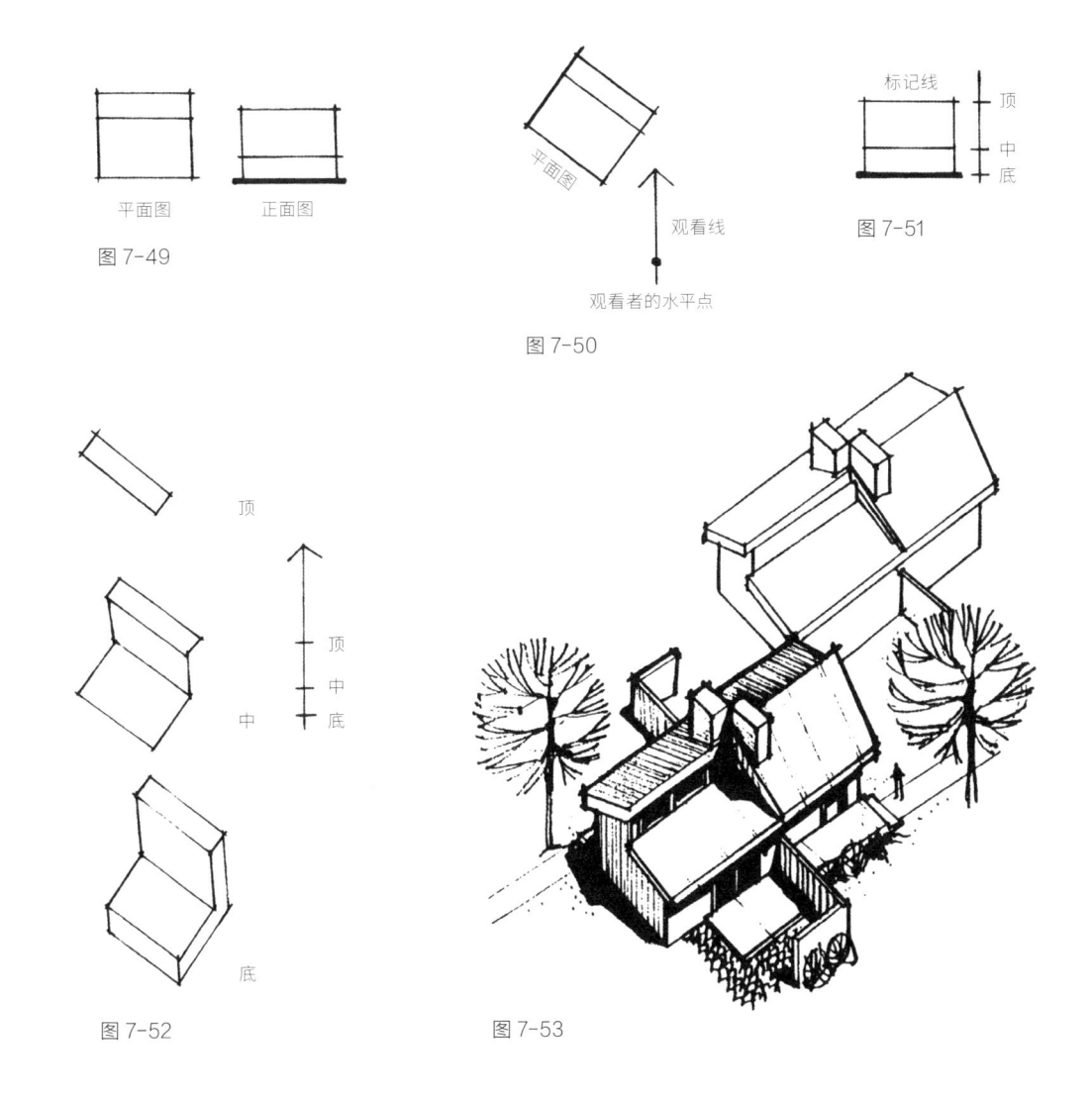

图 7-49

图 7-50

图 7-51

图 7-52

图 7-53

八、透视描图方法

绘制一幅透视图的最简单、最快的方法，就是使用下面这些描图方法中的一种。这有助于避免机械地绘制透视图或草图，并可以节省时间，提高绘制效率。

（一）硫硫酸纸描图

从平面图或位置图转换的步骤

1. 将平面图按自己想要的角度放置到桌面上，并添加一个垂直的物体（如毡头笔或建筑标尺这种可以直立在桌子上的）作为建立高度的参照物。这个垂直物体的高度要与平面图的比例相对应。

2. 将一张硫酸纸粘在一块树脂玻璃上（或者将一张硫酸纸框在两个纸板框的中间），并将其垂直放置在面前。

3. 用毡头笔把你透过硫酸纸看到的平面图描摹到硫酸纸上，这就画出了一张透视草图（要确保设置的垂直物体也要绘制进去，作为高度的参照物）。

4. 在绘图桌上把描图纸覆盖在这张硫酸纸上，在上面确定消失点与地平线 如果是一个两点透视图，要确定两个消失点位于地平线上）。

5. 增加细节。

从实际建筑转化的步骤

1. 重复上述方法的第 2 步。

2. 按自己想要的角度站在一个建筑的前面，并把硫酸纸垂直放置在面前。

3. 用毡头笔在硫酸纸上画出你所看到的建筑。

4. 确定消失点与地平线。

5. 添加细节。

6. 在极端天气的条件下，当天气太热、太冷或者下雨时，绘图时可以将硫酸纸放置在车窗里面，坐在车里舒舒服服地绘图。

（二）投影仪描图

根据平面图绘制的简要步骤

1. 把平面图放置在桌子上，再设置一个垂直参照物（见之前所介绍的方法）。

2. 按自己想要的角度对平面图拍摄一张 35mm 的照片，将它冲洗出来做成投影仪。

3. 将这张投影仪投影到墙上，再用硫酸纸将图片描绘出来。如果可以的话，将投影仪映在一个玻璃门的外侧，并将绘图纸放置在玻璃门的内侧，这样你的手和身体就不会挡住图形了。

4. 确定消失点与地平线。

5. 增加细节。

根据实际建筑绘制的简要步骤

1. 按自己想要的角度对这个建筑拍摄一张 35mm 的照片。

2. 将照片冲洗出来做成投影仪，并将这张投影仪投影到墙上，再用硫酸纸将图片描绘出来。

3 确定消失点与地平线。

4. 增加细节。

5. 许多专业人员运用这种方法参考实际建筑来做效果图展示给客户（图 7-54）。

（三）摄像机拍摄

根据平面图绘制的简要步骤

1. 如之前所介绍的那样，把平面图放置在桌子上，再设置一个垂直参照物（见前面的方法）。

2. 用摄像机按照自己想要的角度环绕式拍摄。

3. 在电视屏幕上回放视频，并在想要的地方暂停并获得想要的图片。

4. 将一张硫酸纸放置在电视屏幕上，并快速把图形描绘下来。

5. 确定消失点与地平线。

6. 增加细节。

由实际建筑绘制的步骤

1. 使用摄像机拍摄记录实际建筑。

2. 使用上述方法的第 3 步到第 6 步。

拍立得放大法

1. 使用拍立得相机拍摄一张平面图或实际建筑的照片。

2. 将照片放大到自己想要的大小并将其转描到纸上。

3. 增加细节。

图 7-54 均使用马克笔、彩色铅笔与蛋彩在 14 英寸 ×20 英寸（35.6 厘米 ×50.8 厘米）黑线重碳复印纸上绘制，各用时 10 小时。

4. 其他种类的照片也可以按照上述方法处理。

利用底片

1. 以自己想要的角度拍摄实际建筑的照片。

2. 在暗室里将照片的底片投射到一张没有曝光的底片上。

3. 根据投影仪与未曝光底片的距离，将底片曝光 30 分钟至几小时不等。

4. 曝光过程中可用手电筒检查底片曝光的程度。当观察到纸上出现了清晰的黄色与白色时即可停止曝光。立刻将底片用"氨水法"处理，这样即可得到一张用蓝色、黑色或棕色线条显示建筑的照片。

5. 你可以使用这种方法表现一座实际建筑，将它与学习后的设计作品相比较，或者用于其他目的（图7-55）。

从效果图上将图形转描到另外的纸上

追描法

▶ 利用光源箱。

▶ 可以将电视屏幕作为光源箱使用，断开信号、关闭声音。

▶ 也可以将窗户或玻璃门作为光源箱。

转描方法

▶ 在原稿与新纸之间夹一张绘图纸，或者用炭铅粉末或 6B 铅笔将原稿的背面涂黑，即可进行转描。

▶ 将一张描图纸放置在原稿上，用圆珠笔来进行转描。这样即可确保转描时不会漏掉线条，也可以得到一张新的线描稿，可供他用。

A　　　　　　　　　　　　　　　60 分钟

B　　　　　　　　　　　　　　　30 分钟

图 7-55 这是使用幻灯机对底片分别进行 60 分钟、30 分钟与 15 分钟曝光的图像。曝光时间越长，图像颜色越淡。

C　　　　　　　　　　　　　　　15 分钟

第八章
如何画草图

通过草图，设计者可以快速记录一个想法，将一个设计视觉化，并及时解决出现的问题。

草图是一种自然的徒手描绘，45 个正确绘图原则中许多原则都包含在内，比如：连续线、"之"字形构图、留白、视觉焦点等。掌握和运用这些原则将提高你画草图的水平。记住，只有持续的练习才能提高你的技巧。

一、草图练习

想要画好草图，应该掌握理解透视的基本原理（见第七章），并且花一定时间练习 45 个绘图原理（见第二章）。选择合适的工具和媒介也很重要。比如，一张水平的画适合用水平放置的纸绘制。每张草图都至少是从一幅铅笔绘制的草图开始，并尽量不擦除任何线条。为了简化绘图，可以将绘图纸分为水平或垂直的三等份这样有助于定位你想要绘制的对象（图8-1），这就是所谓的三分原则。另一个办法，就是用 8 英尺 ×10 英尺（2.4 米 ×3 米）纸板或 3 英尺 ×5 英尺（0.9 米 ×1.5 米）卡纸作为取景框（图 8-2），可以用作取景器，来测量透视角度或空间比例。草图中一定要留出足够多的空白，一定要把人、树或云彩等配景绘制出来，力求逼真。下面的这些练习将有助于提高你的画草图的能力。

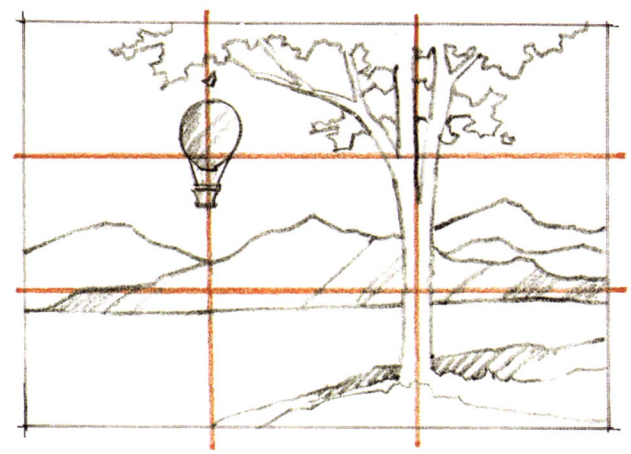

图 8-1 三分原则

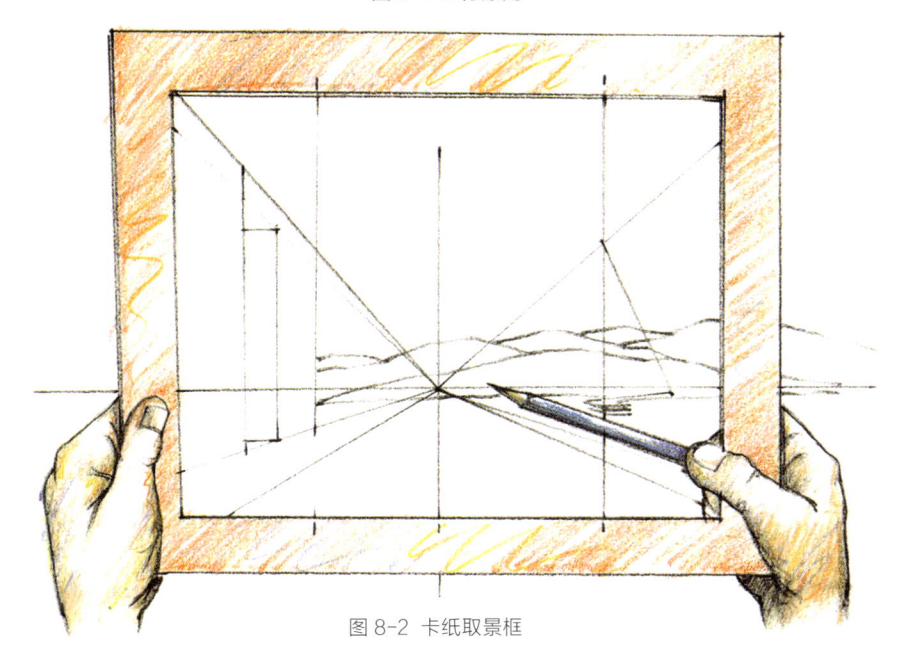

图 8-2 卡纸取景框

双手画画： 同时用两手分别画两个不同的对象。比如在同一幅草图中，尝试着用左手画一棵树，用右手画一座建筑。这将有助于你激发你右脑的潜能。

正负空间： 观察整个场景的形状与比例，先不要关心细节，试着只画出负空间。

颠倒作画： 倒着画一个物体，强迫自己以一种不熟悉的方式观察这个物体。你只能观察并描绘出这个形状本身，你左脑中对这个物体本来形状的记忆便不会干扰你。

凭借记忆来画： 在脑海中回忆一个物体或者一个场景并画出它。或者看一个投影仪投射出的图片，观察一会儿后将投影仪关闭，凭记忆画出你刚刚看到的内容。

从投影仪投射出的图片上转描： 将一张描图纸挂在墙上，快速画出投影仪投射出的画面。只画出重点部分，忽略不重要的细节。

根据对焦模糊的投影仪来画 使用彩色蜡笔绘图，开始时投影仪完全不对焦、非常模糊；每过5分钟就将清晰度稍稍调高一点，同时给你所画的图上色。不到半小时，你就会画出比以往比例更好的画面。用彩色蜡笔的边缘来画，尽可能避免图上出现明显的线条。

（一）画草图的一种方式

选定了要画的对象后，选择画草图的最佳的角度。在开始作画之前，先观察这个对象，想象它画在纸上应该是什么样子的。你将在页面上以二维的方式描绘一个三维的主题，所以用一种将拍摄一张它的照片的感觉来观察它会非常有帮助。

用取景框框住你要画的对象（图8-2）。有必要的话，使用平行或垂直上的三分原则。最后，回忆一下第二章的45个绘图原则。下面讲解的步骤中所使用的是一点透视，在两点透视中也是使用同样的步骤。

（二）步骤

1. 画出5英尺（1.5米）高的视平线，定位消失点，这样就可以很快地建构透视并确定每个物体的高度。记住，视平线为5英尺（1.5米）高，从视平线上任意一点向下画出的物体都是5英尺（1.5米）高。从消失点向外画出一些射线（图8-3）。

2. 快速画出草图，主要关注构图以及它与纸面的关系。将铅笔放置在取景框内，以便帮助确定物体的角度和大小（图8-2）。

3. 画出草图中的背景、中景和前景的物体形状。然后添加配景，比如汽车、人、植物和家具（图8-4）。

4. 增加合适的色调，包括暗面和阴影。一般来说背景色调是最淡的，而前景的色调最深。增加所需细节便可完成这张草图（图8-5）。

5. 记下画出本次草图的地点、时间与所用时间。这将有助于你记录自己进步的历程，也便于比较自己取得的进步。

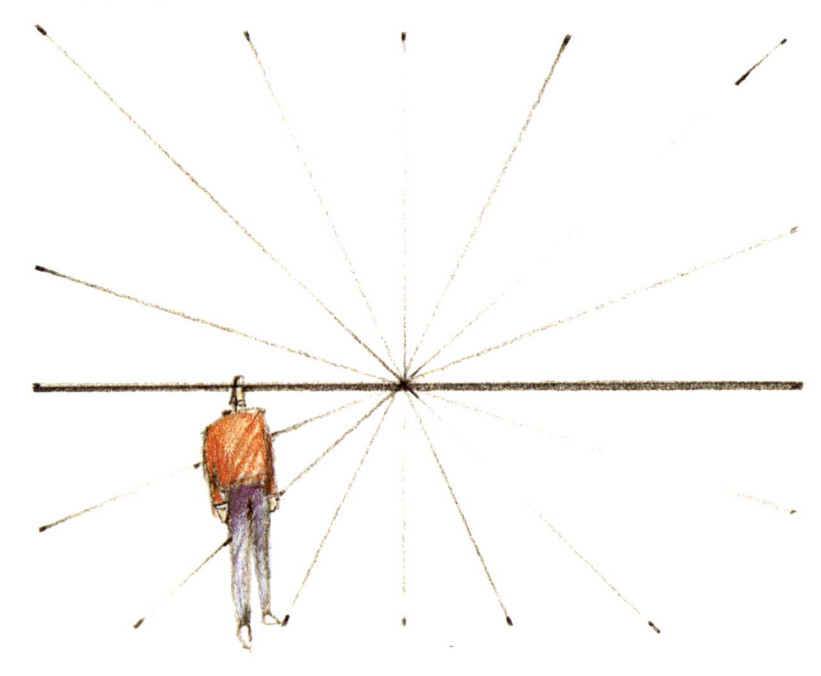

图8-3

图 8-4

图 8-5

二、草图日记

用一个素描本记草图日记是一个坚持练习并保存自己草图的好方法。你可以看到自己阶段性的进步,也将帮助你从重复练习中取得进步。你可以记录想法和灵感,或者记录你一天的活动,还可以记录一些要点,可以练习文字书写,好的草图日记一定是松弛、有创意且吸引人的。

以下是一些关于草图日记的一些建议:
▶ 草图日记要与一般的日记不同。你可以使用不同的工具,如铅笔、彩色铅笔、毡头笔、彩色蜡笔以及水彩等。
▶ 可以把 45 个绘图原则写在草图本的封二或者最后一页,方便查询。
▶ 从杂志、传单、报纸上收集素材,并分粘贴在日记中。
▶ 记录文字与灵感,并用好的图例和色彩展示它们。

样例

图 8-6 为草图日记中的图像,也可详见其他一些作品(图 8-7~图 8-12)。

图 8-6 均使用铅笔、彩色铅笔、钢笔、浓墨和水彩在 5 英寸 ×8 英寸（12.7 厘米 ×20.3 厘米）速写本上绘制，用时 20 分钟~90 分钟。

图 8-7 均使用笔墨在 8.5 英寸 ×11 英寸（21.6 厘米 ×27.9 厘米）描图纸上绘制，各用时 1 小时。

图 8-8 均使用笔墨和水彩在 6 英寸 ×8 英寸（15.2 厘米 ×20.3 厘米）文档纸上绘制，各用时 1 小时。

第八章 怎样画草图

图8-9 左图：使用马克笔和毡头笔在8英寸×11英寸（20.3厘米×27.9厘米）马克纸上绘制，用时1小时；右上图：使用毡头笔和彩色铅笔在6英寸×8英寸（15.2厘米×20.3厘米）文档纸上绘制，用时1小时；右下图：使用彩色铅笔和毡头笔在8.5英寸×11英寸（21.6厘米×27.9厘米）文档纸上绘制，用时1小时。

图 8-10 均使用水彩在 5 英寸 ×8 英寸（12.7 厘米 ×20.3 厘米）水彩纸上绘制，用时 30 分钟 ~90 分钟。

第八章 怎样画草图

图 8-11 均使用毡头笔和水彩在 4 英寸 ×5 英寸（10.1 厘米 ×12.7 厘米）水彩纸上绘制，各用时 30 分钟。

161

图 8-12 使用铅笔、毡头笔和水彩在 8 英寸 ×10 英寸（20.3 厘米 ×25.4 厘米）水彩纸上绘制，用时 30 分钟。

第九章
设计过程

设计的原则各种各样，但设计的最终目的都是要创作出一个赏心悦目的作品。一个成功的设计是一系列步骤完成的结果，我们称这一系列步骤为设计过程。设计过程按照逻辑顺序来讲：包括制定计划、建立气泡图、实地分析、形成设计概念，提出设计方案，最后将设计结果呈现给客户。

无论你是建筑设计师、景观设计师、室内设计师、城市规划师，还是平面设计师，你都应该先在已知条件的基础上制定一个计划。即根据客户的需求、预算、规则、总体考量和设计目标制定一个计划。根据这些标准，就可以建立一个气泡图了，气泡图是一个提纲式的表示方法。图 9-1 便是本章内容的整体展示。在建筑设计和其他项目中，这种图可以展示建筑的空间、交通模式和各种空间关系。

当建立了气泡图后，你便可以去项目所在地调查分析，观察并记录所在地的景观、交通、气候、地形、植被，以及其他与这个项目本身相关的数据。根据气泡图和所在地分析的基础上，就可以建立一个初步的设计概念了。这个概念源于分析、判断与综合，它的内容包括概念图、关键部分的草图和概念描述。在这个阶段，设计概念很可能还会根据客户的反馈进行进一步的修改。

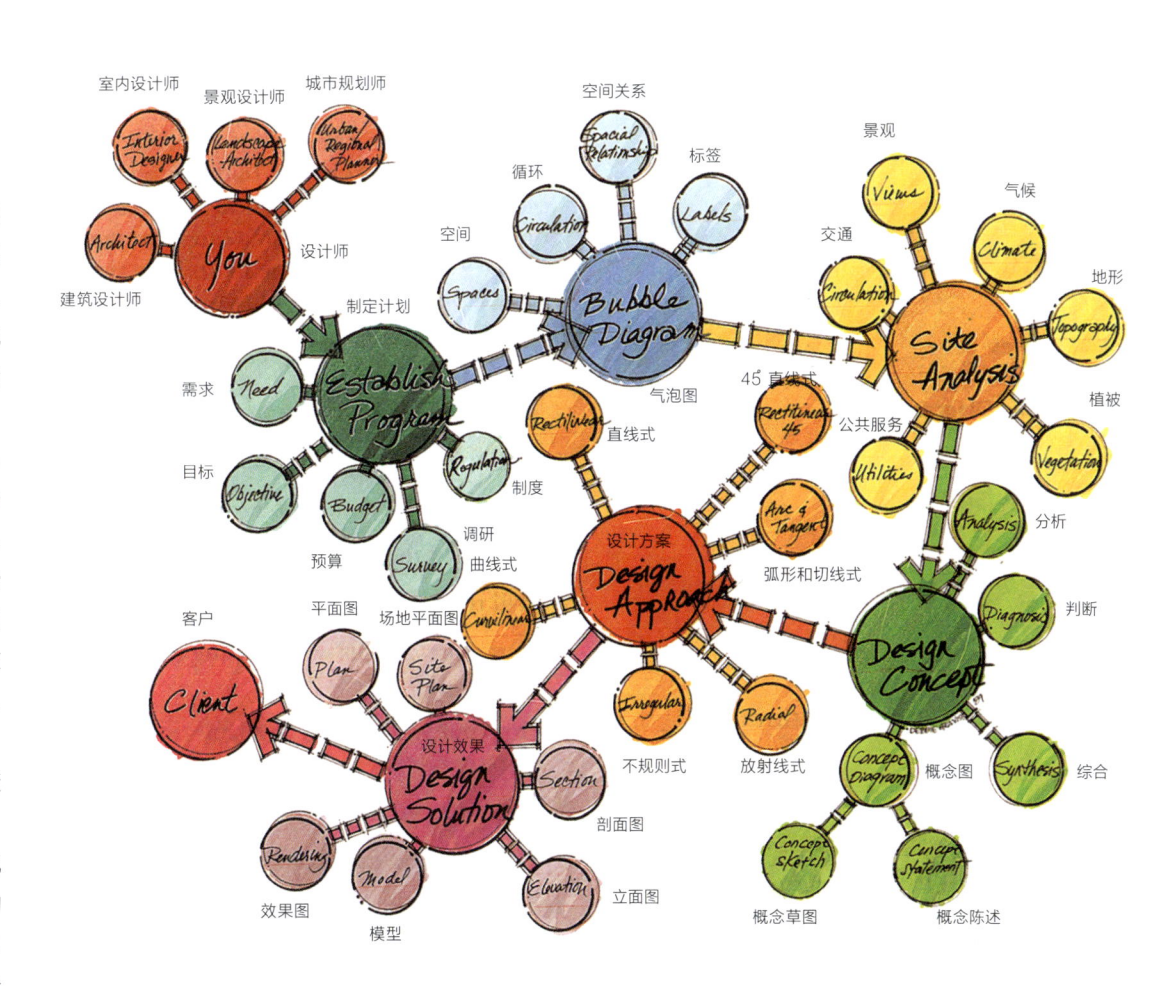

图 9-1 一个展示设计过程总体关系的气泡图

当一个设计概念建立起来后，分析项目的特点和客户的反馈，设计师便可确定以下哪种途径是最适合的：直线式、45°直线式、放射线式、弧形和切线式、不规则式或者曲线式。确定了合适的设计方式后，设计师便可把相应的设计图画出来，并提交给客户查看了。这些设计图包括平面图、立面图、剖面图、细节图、效果图与模型。下面将会详细讲解由这些步骤构成的设计过程。

设计过程
制定计划
1. 需求
2. 预算
3. 规则
4. 调研
5. 目标

建立气泡图
1. 各个部分
2. 交通
3. 各种关系
4. 标记

实地分析
1. 地层情况
2. 地面情况
3. 人工开发情况

4. 审美因素

形成设计概念
1. 过程：分析、判断和综合
2. 成果：概念图、关键部分草图、概念阐述

选择设计方案
1. 直线式
2. 45°直线式
3. 放射线式
4. 弧形和切线式
5. 不规则式
6. 曲线式

提交各种设计图
1. 平面图
2. 立面图
3. 剖面图
4. 效果图
5. 模型

一、制定计划

设计过程的第一步就是确定客户的需求、预算和设计目标，接下来需要调查当地的相关规则。有些内容可以通过调查问卷来获得。不过，即使是通过面谈来调查这些内容，也最好事先设计好你想要问的问题。这里有一些问题可供参考：

▶ 这个项目整体的预算是多少？
▶ 项目是不是分阶段来完成？
▶ 这个地点是不是合适？供什么人使用？
▶ 这个地点要用于做什么？
▶ 这个地点是公共空间还是私人空间？
▶ 会有多少人同时使用这个空间？
▶ 就景观而言有多少钱可用？
▶ 这个地点醒目吗？距离交通道路距离如何？
▶ 交通状况如何？

同时也要确定此地的建筑风格、区域定位与相关法规。这些都可能成为你设计项目的限制。比如，这个区域是否可以进行商业开发？当地的建筑法规与客户的目标是否有冲突？这些问题会根据客户的项目和地点有差别。

二、气泡图

气泡图可以用圆圈、箭头与文字来表示各种活动、关系和空间。在设计过程中，气泡图将提供一个快速简易的方法来推敲研究，判断方案的可行性，展示设计概念，并进一步完善你的设计。

（一）步骤

1. 用红色铅笔和圆模板画出不同尺寸的圆圈，用它们代表各个部分的大小或重要性。一个好的"之"字形图表会增加整个图表的生动性。对每个空间画不同的颜色（图9-2），使用对比颜色与明暗不同的颜色会使画面清晰又有吸引力。

2. 再用粗笔画出各个彩色区域的轮廓(产生交叉角)。然后用毡头笔描绘一次轮廓,两种线条间保持 1/8 英尺(0.04 米)~1/16 英尺(1.8 米)的距离(图 9-3)。

3. 每个圆圈都用清晰的文字标注其性质,也可以用马克笔、彩色铅笔等来增加条纹和圆点(图 9-4)。

图 9-2

图 9-3

图 9-4

(二)样例

详见图 9-5。

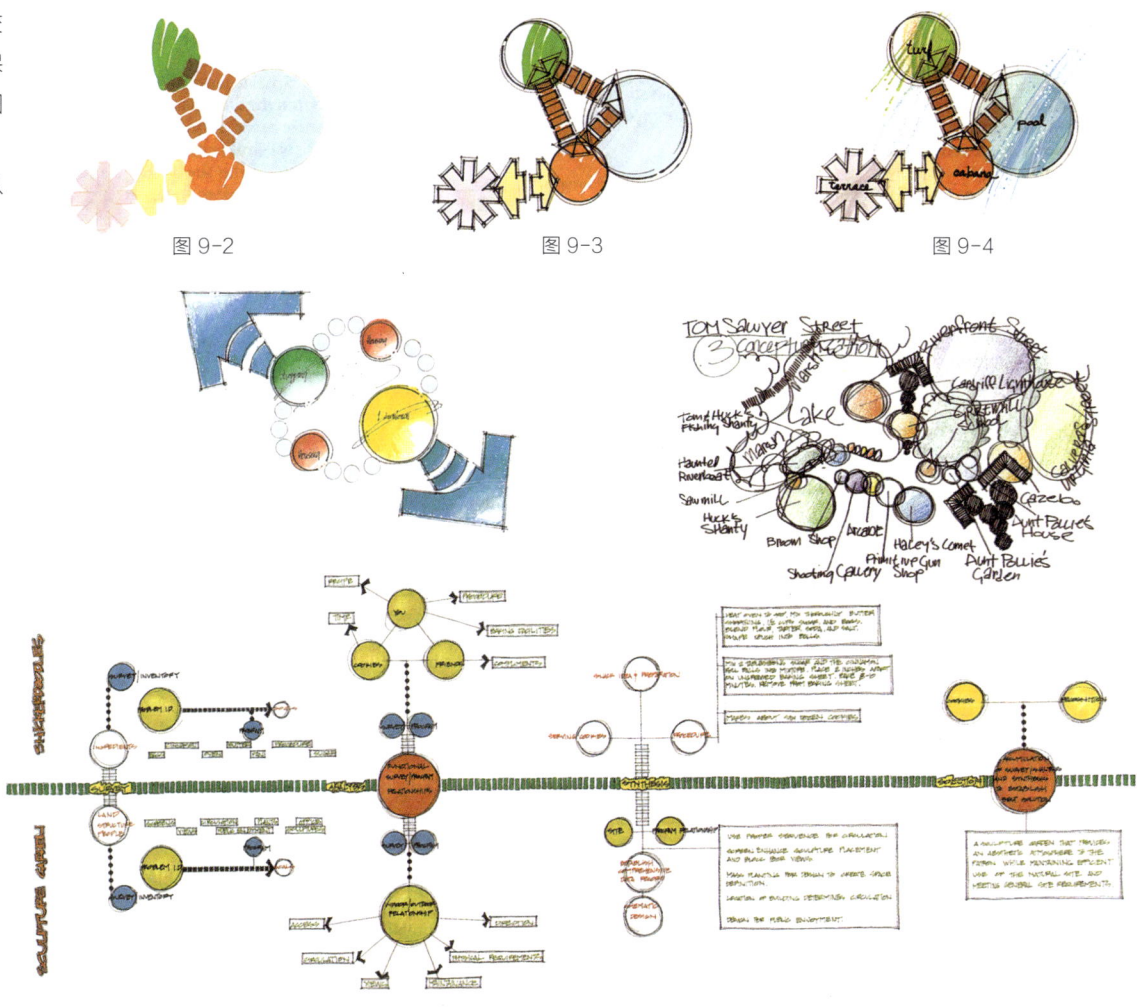

图 9-5　均使用马克笔、彩色铅笔和毡头笔在马克纸、黄色描图纸和黑线重氮复印纸上绘制,用时 20 分钟至 3 小时不等。

三、实地分析

实地分析可以与气泡图结合起来做。想要做出成功的设计,就必须认真进行实地考察。如果遗漏信息,就可能延误设计的进程,甚至增加建筑费用。

实地分析涉及此地相关的各种因素,并将其与客户需求和目标相结合。在列出各种因素时,你需要将此地相关的所有信息都收集起来,从地形到气候到风向,甚至到野生动植物的情况。收集了所有这些信息后对这些信息进行分析,并将其融入设计中去。

例如,在考虑地形因素的情况下,你发现这个地方有0-5度的坡,你的分析或许是这里是某个建筑的理想位置。一个高地可能在某个角度有良好的视野,你也可以将其融入设计中;一处低地或许是一个修建人工湖的好位置。或者这里常刮西北风,你可能会选择种植一排常青树作为屏障。你还可以把当地所有树木与其他植物列入考虑中,通过分析后建议哪些保存,哪些移走。

为了帮助你总结应该考虑的信息,下面列举了一些常见的问题。

(一) 各种应考虑因素

地层情况

1. 地质方面:此地的地质史、岩床类型、岩床深度、地质结构。

2. 水文地理:蓄水层、地下水、泉水、地下水位。

3. 土壤:来源、分类、肥沃程度、易腐蚀度、敏感程度、温度、湿度(pF)、酸碱程度(pH)、土层、通风情况、土壤结构、有机物含量、土地产量。

地面情况

1. 植物:植物的种类和多样性、位置、树荫情况、审美价值、生态环境。

2. 坡度:倾斜度、地形、海拔、排水情况。

3. 水文:漫滩、河流、湖泊、湿地、溪流、沼泽、分水岭、排水情况。

4. 野生动植物:生态环境、动植物种类。

5. 气候:降水——年降雨(雪)量、薄雾和浓雾、湿度、风向、光照强度、温度——平均温度、最高温度、最低温度。

人工开发情况

1. 公共设施:位置、类型、用水、用气、用电、排水、已有建筑的高度。

2. 土地使用:项目附近土地的使用情况、这一地区对土地使用的要求和限制、法律法规、土地的法定所有人、边界线、土地征用情况。

3. 历史情况:考古遗址、地标建筑、建筑类型、尺寸大小和情况。

4. 交通:此地及其附近所连接和经过的道路、车道和人行道、自行车道、船道、交通密集程度。

5. 社会因素:人口、人口密度、人口分布、年龄结构、教育程度、收入水平、人种、民族、经济和政治情况、居民的社会结构、此地区的使用性质、影响此地区使用的其他因素。

审美因素

1. 感性观感:从汽车上看、步行看、骑自行车看。

2. 空间类型:向这一地区看、从这一地区看、已存在的建筑区域、可能增加的建筑区域、续接关系。

3. 自然特点:这一地区的重要自然特点、水景观、岩石构成、植被情况。

(二) 样例

详见图9-6、图9-7。

第九章 设计过程

图 9-6 使用马克笔在 20 英寸 ×30 英寸（50.8 厘米 ×76.2 厘米）马克纸上绘制，用时 8 小时。

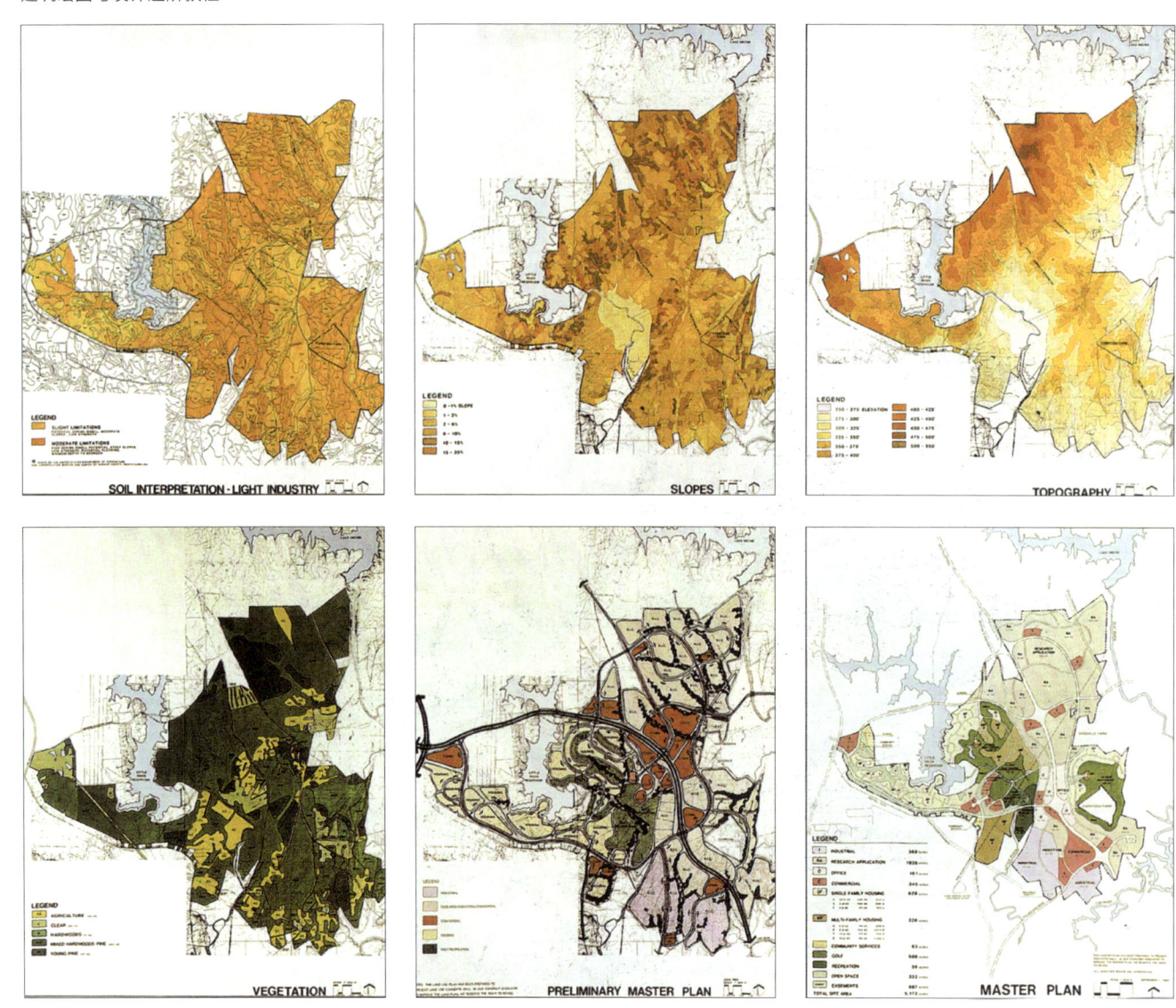

图 9-7 使用马克笔在 30 英寸 ×42 英寸（76.2 厘米 ×106.7 厘米）黑线重氮复印纸上绘制，各用时 4～8 小时。

四、发展设计概念

在设计一个项目时,设计师必须能够使用视觉方式提出设计概念,将初期的成果展现出来。由大致构想形成的各种空间关系,由实地考察得到的各种因素都要展现出来。对得到的这些信息进行分析、判断和综合,最后得出一个最优的解决方案,然后用概念图、关键部分草图和概念描述的形式呈现出来。

概念图融入了由气泡图和实地考察得到的信息,将它们变成了真正的平面图,有了概念图后还可以画一些关键部分草图,以表现设计师的想法。最后用文字来阐述概念图、设计问题和解决方案。

样例

详见图 9-8、图 9-9。

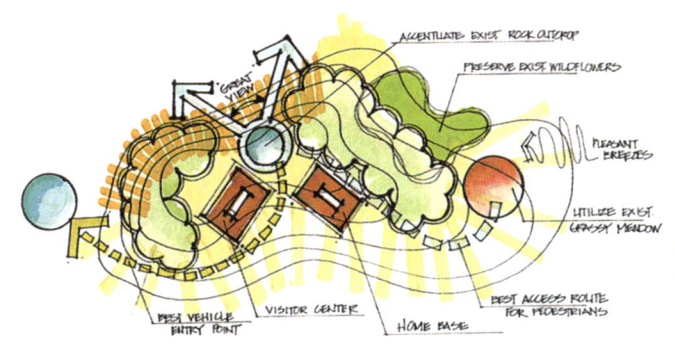

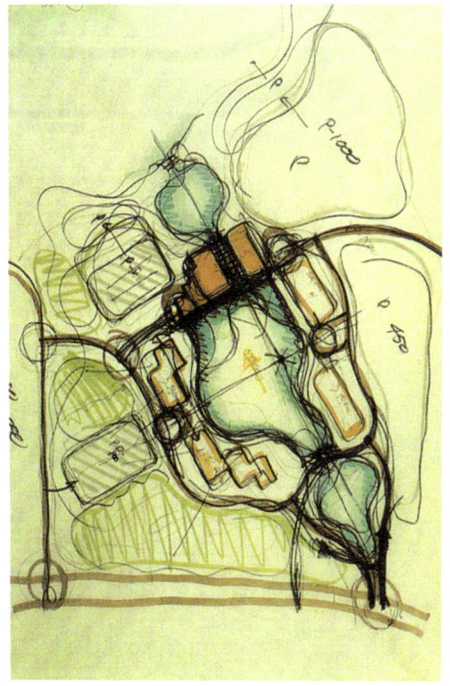

图 9-8　左二图: 使用马克笔、彩色铅笔和毡头笔在19 英寸 ×24 英寸(48.3 厘米 ×60.9 厘米)马克纸上绘制,用时 1.5 小时;
右图: 使用马克笔在 20 英寸 ×30 英寸(50.8 厘米 ×76.2 厘米)白色描图纸上绘制,用时 1.5 小时。

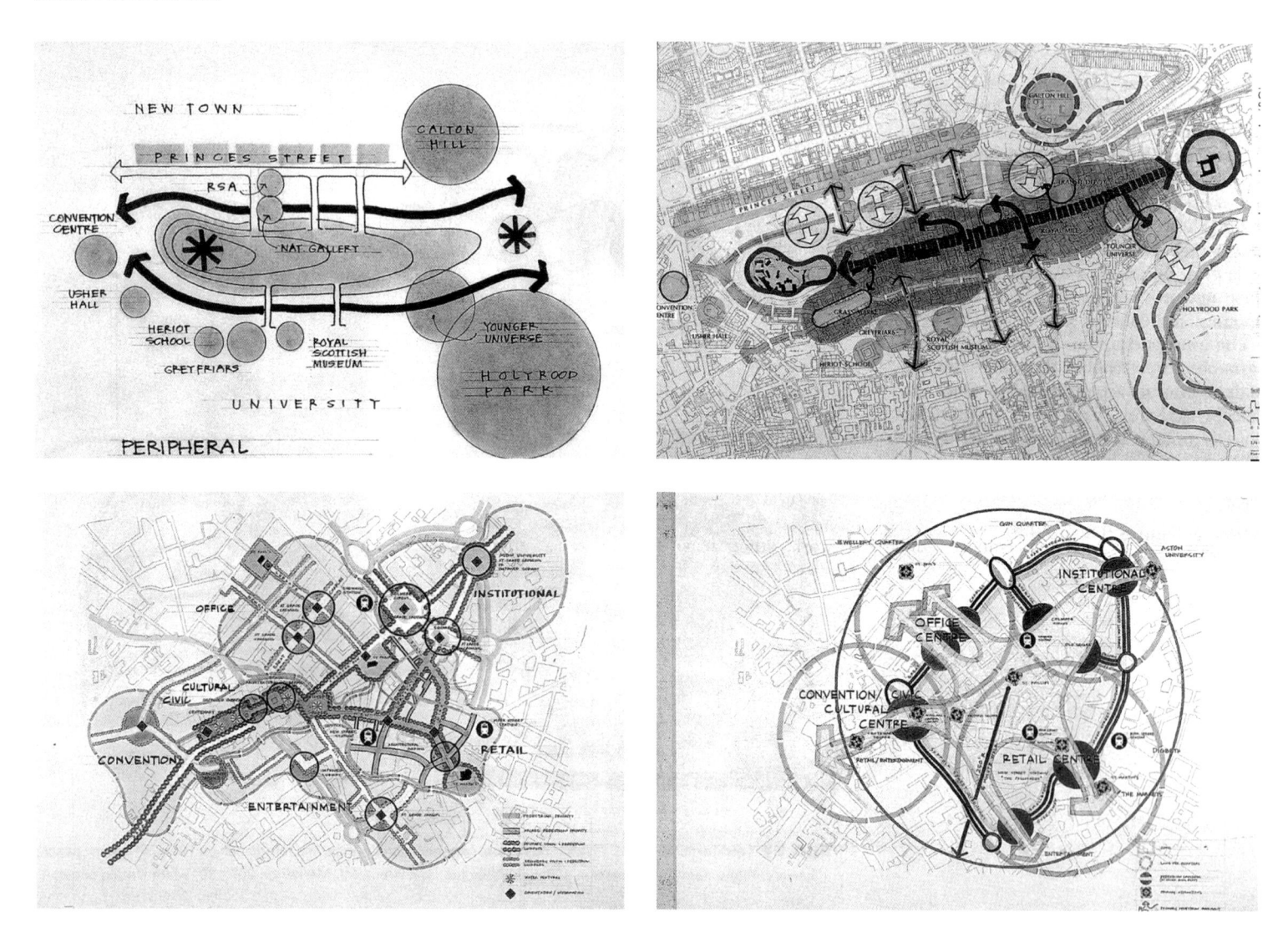

图9-9 使用马克笔和毡头笔在12英寸×18英寸（30.5厘米×45.7厘米）描图纸和黑线重氮复印纸上绘制（原稿使用墨在描图纸上绘制），用时2～3小时。

五、选择设计方案

一个成功的设计效果图通常是下面这 6 种基本方案中的其中一种：直线式、45°直线式、放射线式、弧形和切线式、不规则式或者曲线式。这些基本的设计方案全部使用栅格系统来表示比例，并引导设计师得出最终的设计方案。每个设计方案都有它们自己的特点。

这些方案的绘制有一些简单的步骤，可以帮你节省时间，并得到符合客户需求的更好的设计图。它能够改进你的设计并得到更精准的设计图。

不过这些方案也并非画出好的设计图的唯一方法。当你熟悉了这些步骤后，你就可以将那些设计原则以及几种设计方案结合起来了。

这六种设计方案见图 9-10 至图 9-15，从最简单、最容易的，到最复杂，最难处理的。每一种方案都提供了基本的定义、主要特征的说明、所使用的栅格和基本符号。这些有助于你将某种方案与项目相匹配。例如，客户想要的是传统和正式的感觉，你便可以考虑使用直线式。最后，每种方案都提供了三幅不同的效果图，总结了每种设计概念可能的解决方案。

这些设计方案的原则，将会在这一章接下来的部分深入讲解。对于其在平面图上的应用，见图 9-16。

下面要讲解的这些原则，有助于你更灵活地进行设计概念的组合。有些原则建议专门用于某些设计方案，但大部分原则是通用于所有设计方案的。有些原则是设计时需要避免的，有些是推荐使用的方法。所有这些原则都需要与 45 个绘图原则结合使用。

23 条设计原则

1. 平行线
2. 垂直相交
3. 消失于一点
4. 排列
5. 凹和凸
6. 宽度变化
7. 高度变化
8. 大小变化
9. 形状重复
10. 比例方法
11. 混合曲线
12. 材料连接
13. 避免虚假暗示的线条
14. 避免散乱因素
15. 避免尖角
16. 避免所画目标形状被误认
17. 避免过小及错误比例
18. 轴
19. 焦点
20. 对比
21. 不对称
22. 实与虚
23. 蜿蜒

直线式

直线式设计方案在栅格中使用垂直和水平的线条。

栅格及基本符号

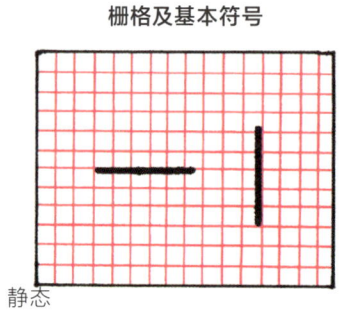

主要特征

突出	容易	定向	有力
快速	有逻辑性	坚固	明确
有序	可预测	刚性	
基础	枯燥		

静态

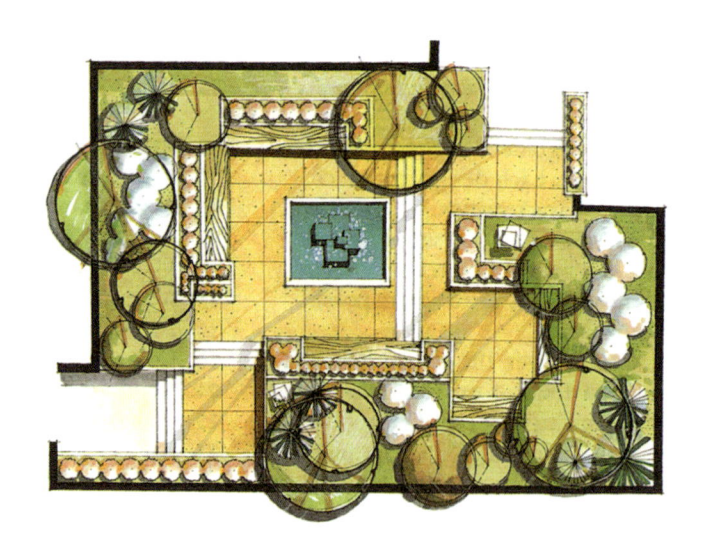

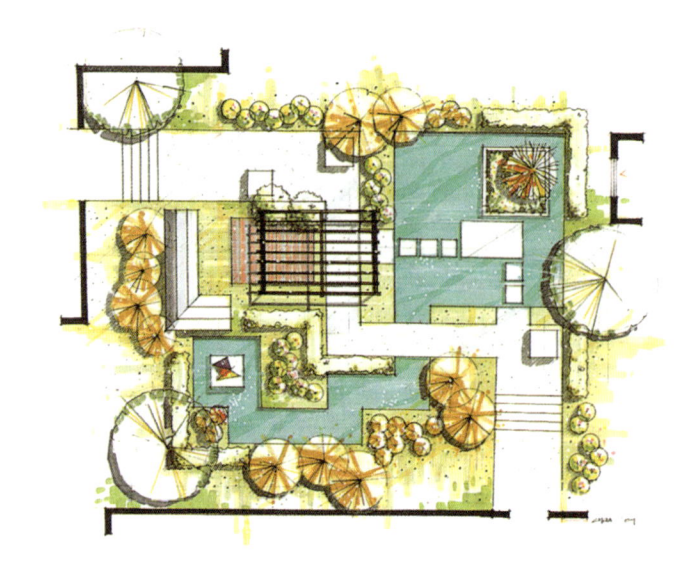

图 9-10　均使用马克笔、彩色铅笔、毡头笔和喷枪在 19 英寸 ×24 英寸（48.3 厘米 ×60.9 厘米）马克纸上绘制，均用时 1～2 小时。

45°直线式

45°直线式设计方案在栅格中使用垂直线条、水平线条和45°线条。

主要特征

动态	活跃	兴奋	大胆
强烈	锯齿状	坚固	活力
变化	紧张	快速	连接

栅格及基本符号

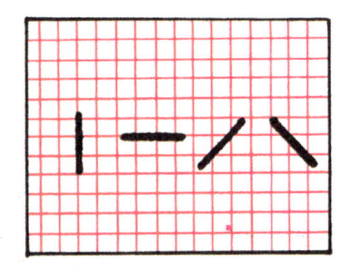

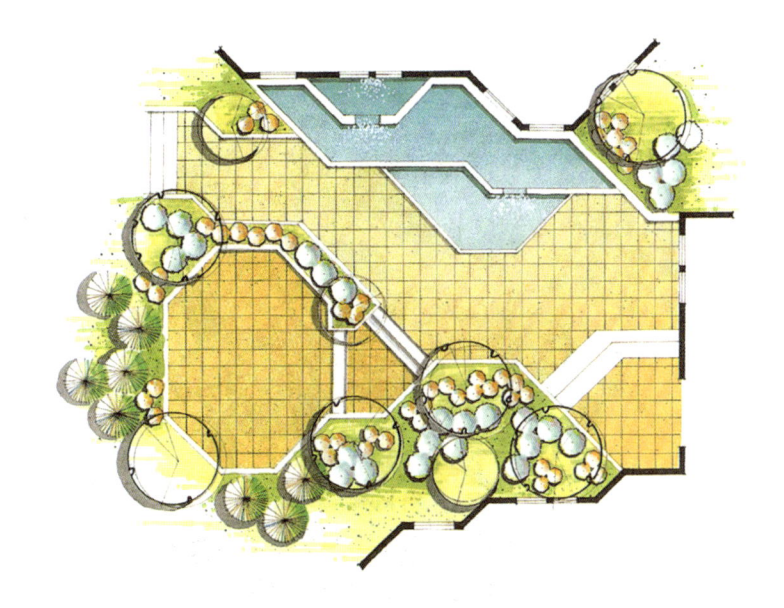

图 9-11 均使用马克笔、彩色铅笔、毡头笔和喷枪在19英寸×24英寸（48.3厘米×60.9厘米）马克纸上绘制，设计均用时40分钟，绘制均用时1小时~2小时。

放射线式

放射线式设计方案在栅格中使用大小不同的圆圈,这些圆圈由同一个的中心扩散出来,此外还有很多方向的直线。

主要特征

强烈	螺旋	大胆	神秘
有趣	扩展	华丽	中心突出
方向感	进取	吸引	迷宫感
发展	坚固		

栅格及基本符号

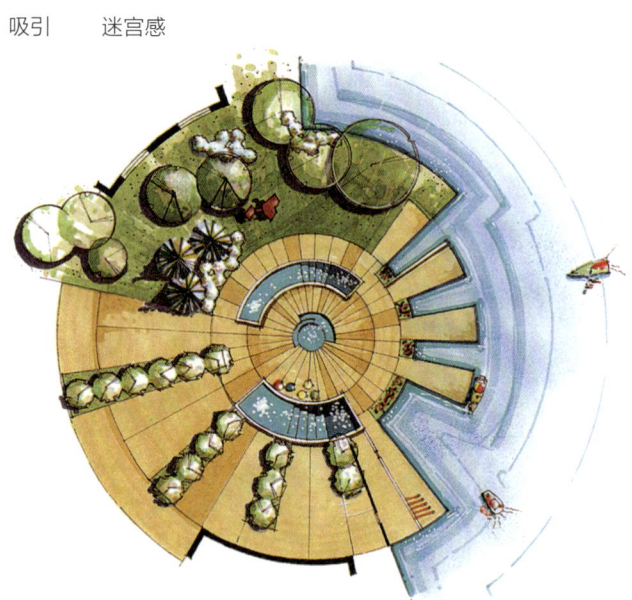

图 9-12 均使用马克笔、彩色铅笔、毡头笔和喷枪在 19 英寸 ×24 英寸(48.3 厘米 ×60.9 厘米)马克纸上绘制,设计均用时 40 分钟,绘制均用时 1~2 小时。

弧形和切线式

弧形和切线式设计方案在栅格中使用垂直线、水平线和 45° 线,以及四分之一、二分之一、四分之三和整个的圆形。

主要特征

柔软	动态	精致	愉悦
流动	正式	折中	积极
抚慰	缓和	平滑	

栅格及基本符号

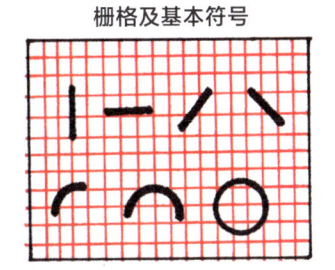

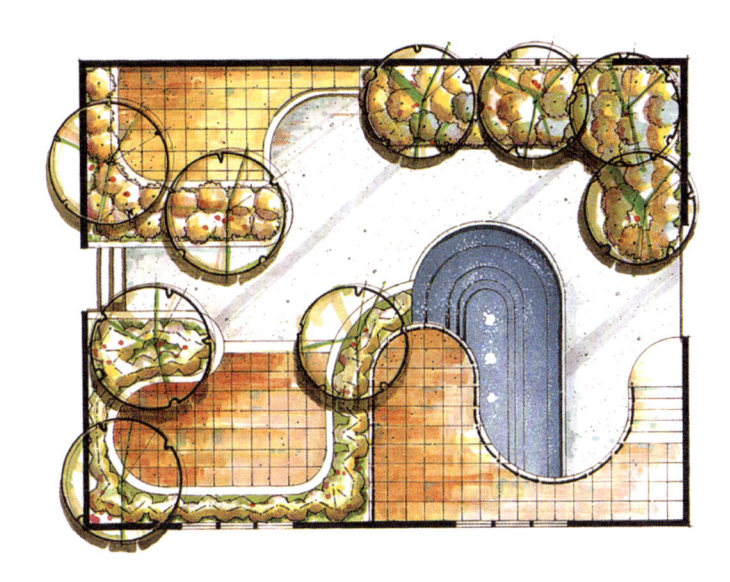

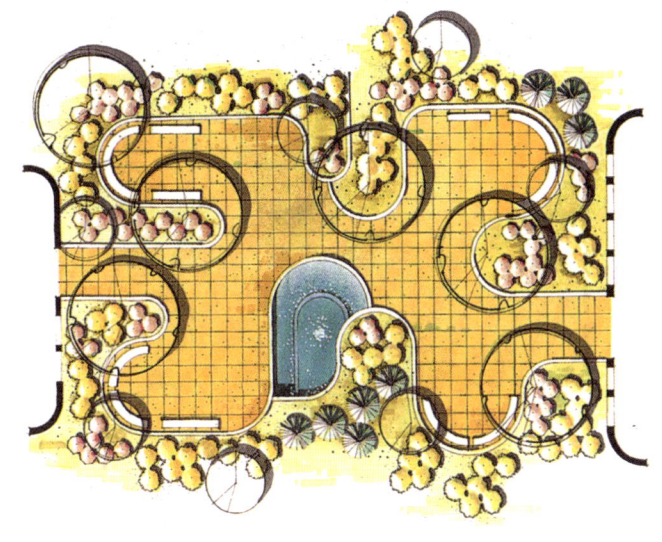

图 9-13 均使用马克笔、彩色铅笔、毡头笔和喷枪在 19 英寸 ×24 英寸(48.3 厘米 ×60.9 厘米)马克纸上绘制,设计均用时 40 分钟,绘制均用时 1～2 小时。

不规则式

不规则式设计方案在栅格中使用垂直线、水平线和 45°线，以及其他多个方向的直线。

主要特征

不对称	兴奋	转换	复杂
有趣	多样	波动	动态
多样	活跃	不规则	独特
非传统	新奇	不确定	神秘

栅格及基本符号

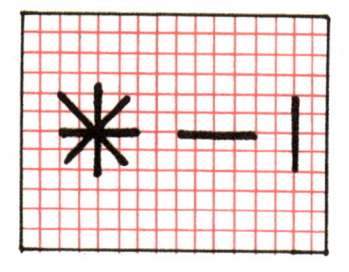

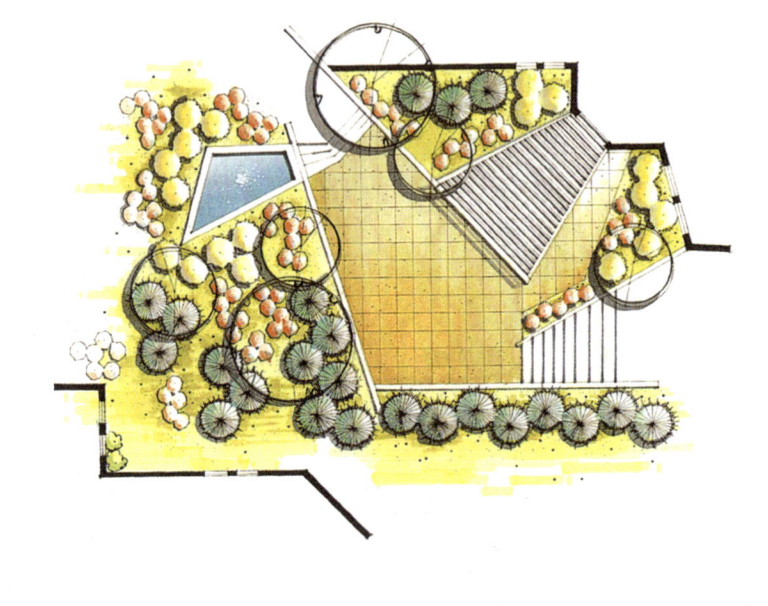

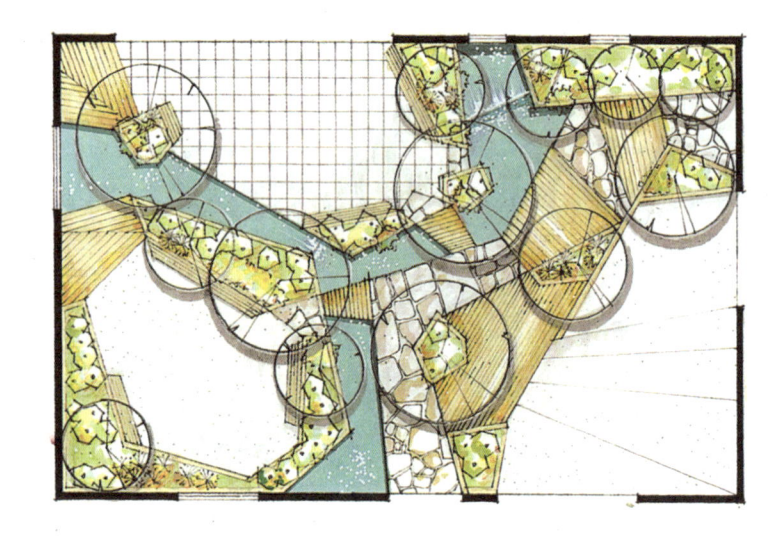

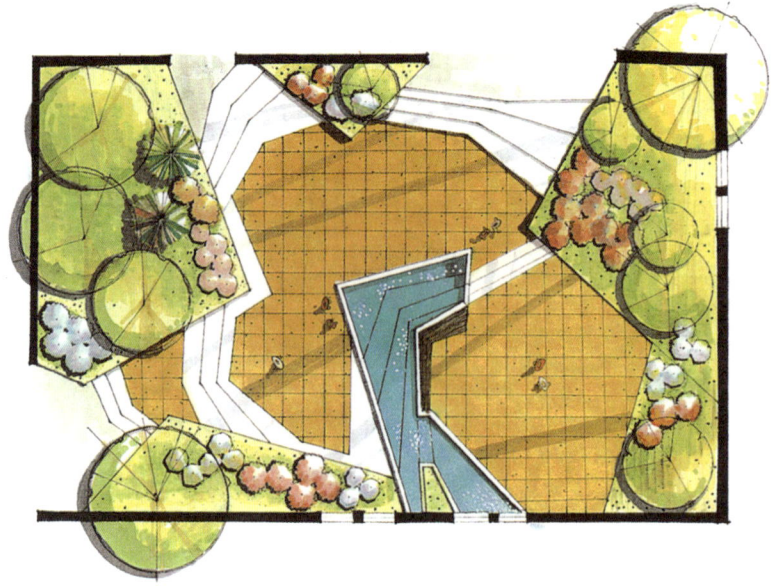

图 9-14　均使用马克笔、彩色铅笔、毡头笔和喷枪在 19 英寸 ×24 英寸（48.3 厘米 ×60.9 厘米）马克纸上绘制，设计均用时 40 分钟，绘制均用时 1～2 小时。

曲线式

曲线式设计方案在栅格中使用混合曲线，不使用直线。

主要特征

流畅	平滑	感性	非传统
柔和	美丽	平静	随意
旋转	有机	亲密	连续
有趣	精神性	放松	愉悦
优美	精致		

栅格及基本符号

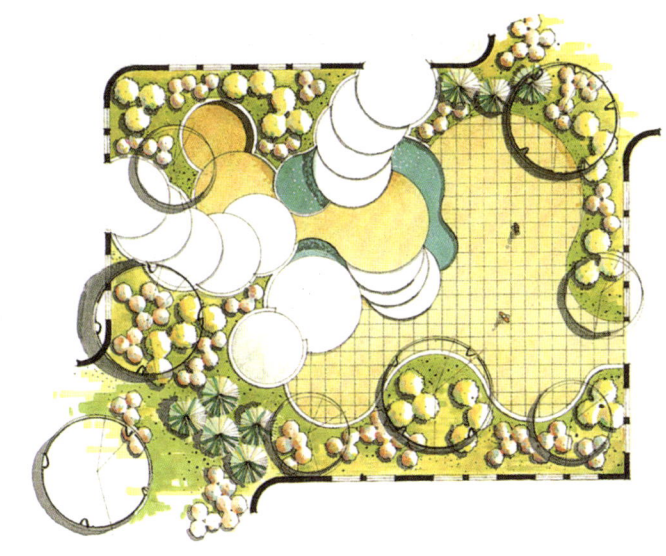

图 9-15 均使用马克笔、彩色铅笔、毡头笔和喷枪在 19 英寸 ×24 英寸（48.3 厘米 ×60.9 厘米）马克纸上绘制，设计均用时 40 分钟，绘制均用时 1～2 小时。

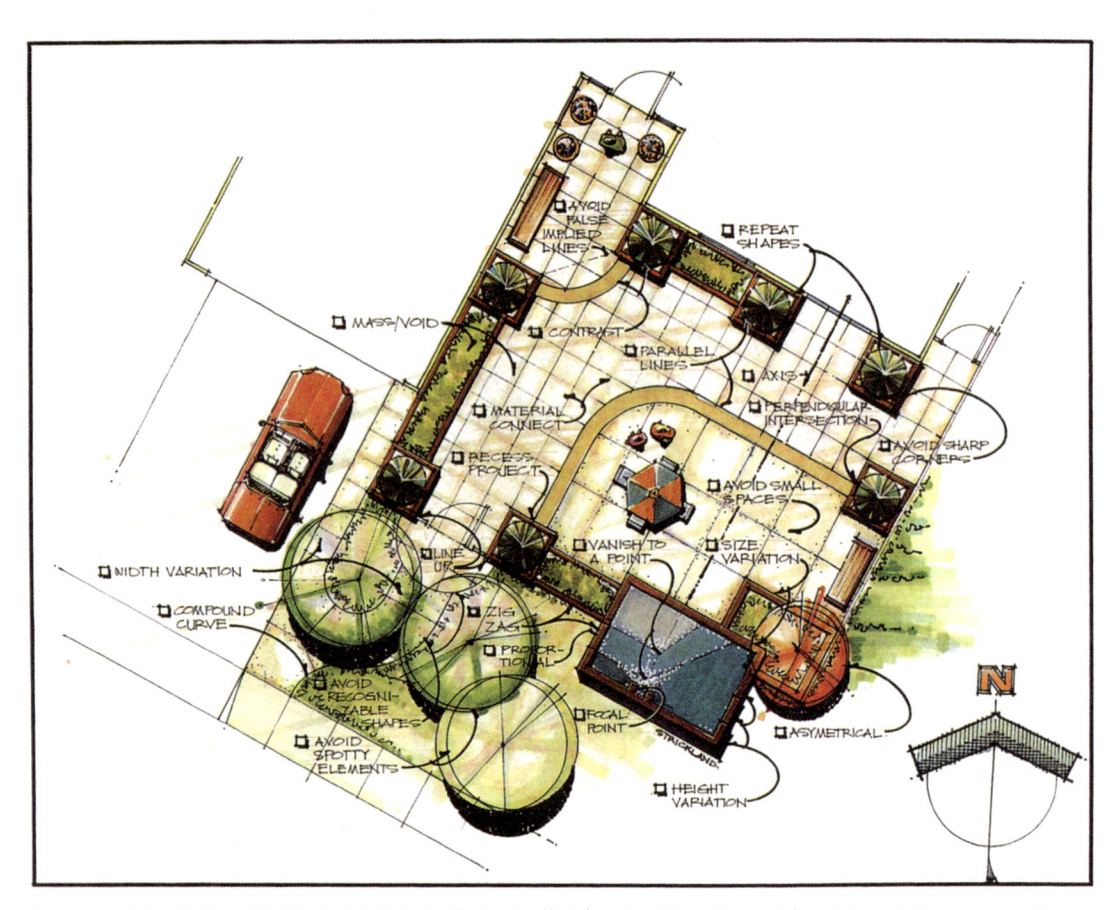

图 9-16 使用马克笔、彩色铅笔和毡头笔在 19 英寸 ×24 英寸（48.3 厘米 ×60.9 厘米）马克纸上绘制，用时 3 小时。

1. 平行线

两条相临的线条相互平行，这有助于设计的和谐与统一（图 9-17）。

应用：直线式、45°直线式、放射线式、弧形和切线式、不规则式或者曲线式。

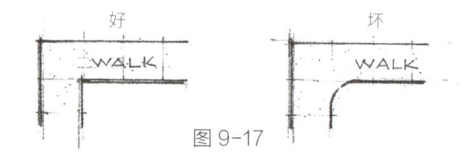

图 9-17

2. 垂直相交

两条线成 90°角相交，这有助于充分利用空间，营造一种强烈突出的感觉，也使项目容易施工（图 9-18）。

应用：所有设计方案。

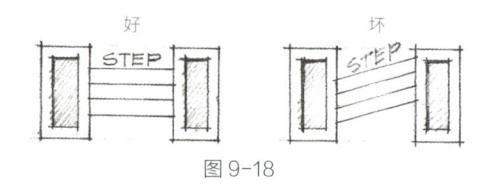

图 9-18

3. 消失于一点

所有的线消失于同一点，这将创造一种富有动感，且容易被感知的韵律和焦点（图 9-19）。

应用：放射线式、不规则式

图 9-19

4. 排列

空间里的对象并排或前后排列，这将创造一种有组织、笔直、干净、系统性且看起来舒服的感觉。如果在设计中设置补偿元素，可以将这个元素用夸张的手法放大，以表现更好的组合效果（图9-20）。

应用： 所有设计方案。

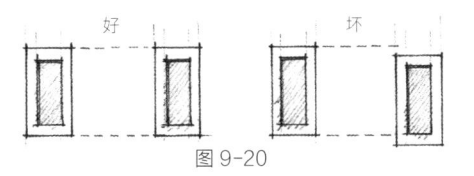

图9-20

5. 凸和凹

一个元素可能会与其他因素形成了凸出或凹进的关系，例如通向花园的阶梯，可以产生更强的三维视觉效果，可以通过投射阴影，产生"之"字形蜿蜒效果和趣味，建造出的成品也更为耐看（图9-21）。

应用： 所有设计方案。

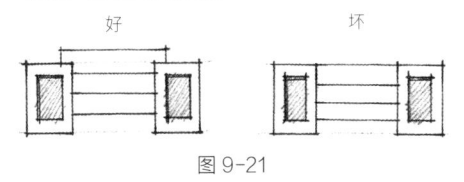

图9-21

6. 宽度变化

空间的宽度并不是同样的。比如人行道和邻近的花坛，如果被设计为不同宽度形成"之"字形蜿蜒效果，会更有趣味性（图9-22）。

应用： 所有设计方案。

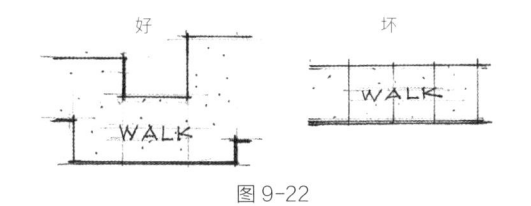

图9-22

7. 高度变化

不同高度的对象将创造垂直的蜿蜒效果，更有趣味性。通过台阶、花坛、天棚、杆、树木和喷泉可以创造出不同的高度（图9-23）。

应用： 所有设计方案。

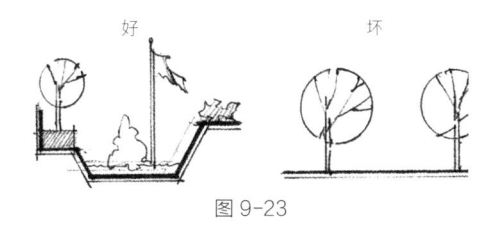

图9-23

8. 大小变化

重复一个形状，但形状的大小有变化。这样将创造趣味性、对比和节奏感（图9-24）。

应用： 所有设计方案。

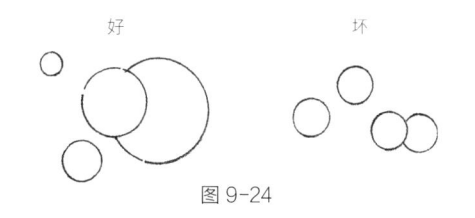

图9-24

9. 形状重复

用不同的大小重复一个形状，这样将创造节奏感与和谐感（图9-25）。

应用： 所有设计方案。

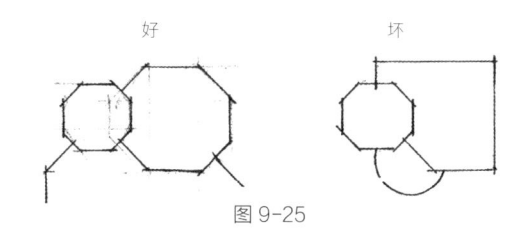

图9-25

10. 比例方法

比例方法建立在一个尺寸与另一个尺寸的联系上。比如，黄金分割定义了一个长宽比为1∶1.618的长方形为最好看的比例，而费比尼兹规则认为一条混合曲线的相邻半径比为1∶2或少于它，就是美的。比例可用于多种空间设计（图9-26）。

应用： 直线式、45°直线式、弧形和切线式、曲线式。

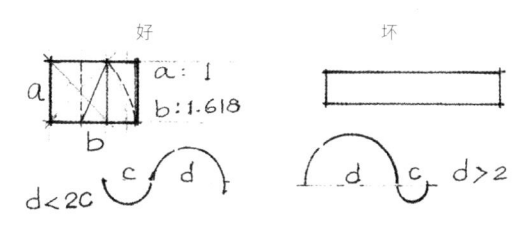

图9-26

11. 混合曲线

混合曲线使用大小不同的圆圈，它们之间没有直线，这会创造一种平滑和流动的效果（图 9-27）。

应用：曲线式。

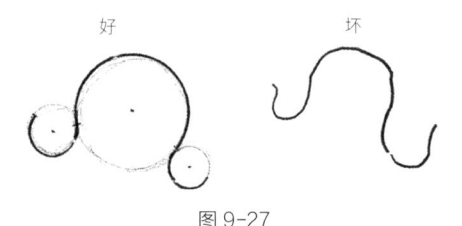

图 9-27

12. 材料连接

使用一种建筑材料将不同空间连接起来，比如铺地方砖。这将创造一种统一、整体、实与虚和赏心悦目的效果（图 9-28）。

应用：所有设计方案。

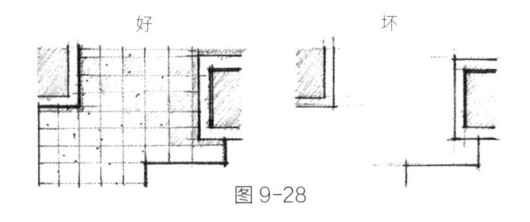

图 9-28

13. 避免虚假暗示的线条

对某种形状的连续重复往往会显示出某条直线，这条虚拟的直线往往又跟周围的直线相冲突，这便违背了前面讨论过的平行线原则（图 9-29）。

应用：所有设计方案。

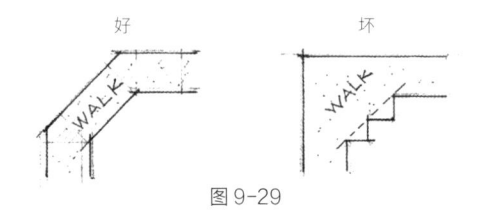

图 9-29

14. 避免散乱元素

散乱元素常常会造成一种视觉上的混乱感，比如树木、花坛、长椅、地砖等，从而破坏了交点和实与虚的原则（图 9-30）。

应用：所有设计方案。

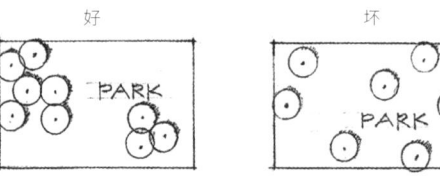

图 9-30

15. 避免尖角

那些小于 45°的尖角，在建造时较为费钱且不安全，墙内还容易累积垃圾（图 9-31）。

应用：所有设计方案。

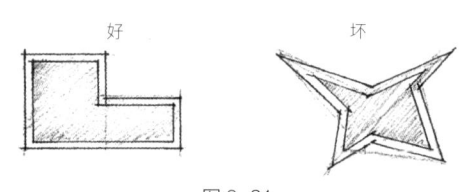

图 9-31

16. 避免所画目标形状被误认

熟悉的物体形状有时会误导人们。在设计中避免将空间设计成人们熟悉的动植物的外形，如狗，或者一个人的面孔。一个有创意的设计应该是新颖的，而不应该衍生于熟悉的形状（图 9-32）。

应用：所有设计方案。

图 9-32

17. 避免过小及错误比例

设计中，不成比例的过小空间，是无法实现的。例如，一个在大空间里的 2 英尺（0.6 米）宽的花坛或喷泉会消失，而 2 英尺（0.6 米）人行道会太过狭窄，两人并肩行走都会很困难（图 9-33）。

应用：所有设计方案。

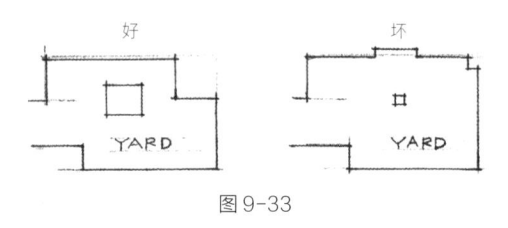

图 9-33

18. 轴

设计中的轴就是一条敞开的大路，它将创造一种方向感，所以在设计中绘制一条这样的中轴将会加强设计的焦点（图9-34）。

应用：所有设计方案。

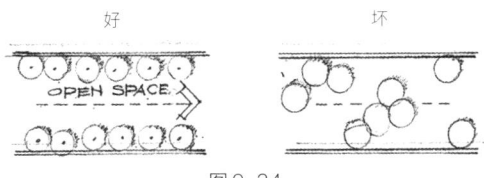

图9-34

19. 焦点

焦点是设计中某个具有强烈吸引力的物体，如喷泉或者雕塑。将其放在设计中将会吸引人们关注这部分空间。这个焦点并不一定要在中心（图9-35）。

应用：所有设计方案。

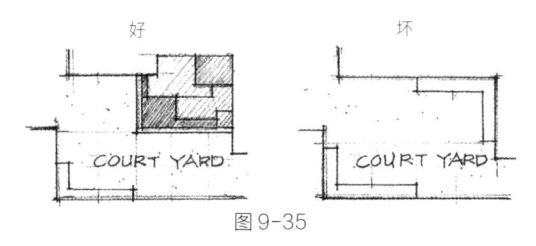

图9-35

20. 对比

各种因素间用一种柔和且可以实现的对比来强调焦点，可以创造一种趣味感。这样的因素包括对立的形状，变化的纹理效果、大小、色彩、线条、明暗等的对比变化（图9-36）。

应用：所有设计方案

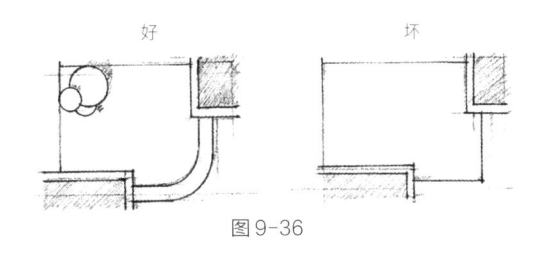

图9-36

21. 不对称

不对称的设计不使用对称（一边是另一边的镜像），但达到了比例上的平衡。不对称创造了设计中的趣味和动感（图9-37）。

应用：所有设计方案。

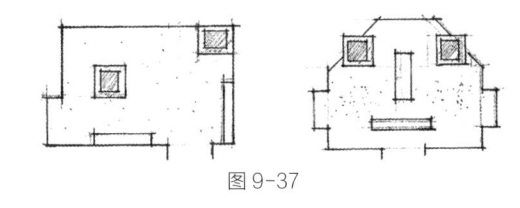

图9-37

22. 实与虚

这指两组因素，它们使得设计可行，同时有助于避免散乱。比如，一组树木就是实，而另一片草就是虚（图9-38）。

应用：所有设计方案。

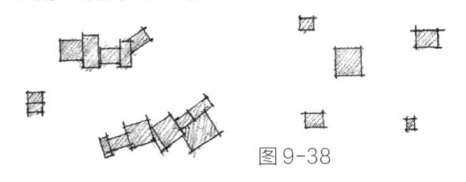

图9-38

23. 蜿蜒

蜿蜒用来在设计整体中避免单调，它可以改善一个设计项目的构图布局（图9-39）。

应用：所有设计方案。

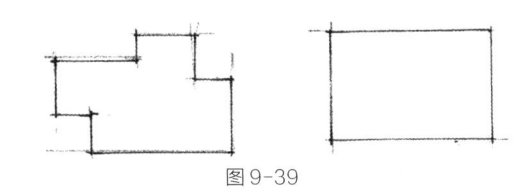

图9-39

六、设计结果展示

对于一个项目,设计者最先产生的是有创造力的设计理念。当最初的想法成型后,使它成为现实需要不同的途径:使用语言描述、文字阐述、画图展示。其中使用图画来交流是最重要的,这种方法最便于客户理解。下面将详细讨论每一种方式并提出各种绘图技巧。

(一) 平面图

平面图是最常使用的绘图方式。它的观察点在上方,即从平面图上方的角度来展示设计,让客户清晰地看到各种空间关系。平面图还是之后施工图纸的基础。

通常,平面图首先使用铅笔或墨笔画在聚酯薄膜或描图纸上,然后再印到氮基晒图纸上并上色。建筑之间的各种空间关系都需要展示出来,如人行道和车辆的路径,还有植物和其他自然景观。平面图尽管有时只是简单示意,但也不能过于抽象,一些必要的环境因素也需要添加到这种俯视角度的图纸中。

绘制窍门

▶ 要在晒图纸和原稿复印件上添加色彩,不要在原稿的描图纸上上色。这样如果有需要的话,你就可以重复晒图。

▶ 如果在描图纸上使用容易褪色的工具,比如马克笔或记号笔,在完成后需要马上用一张纸将原图复印下来。这样你便可以得到了原图的保留件,可以多次晒图。

▶ 为了便于辨识,平面图一般都是上北下南的定位。

▶ 画最后定稿的平面图时,要用铅笔或钢笔画出粗细不同的线条,以此区分平面图中不同的对象,并且可以增加纵深感(图 9-40)。

▶ 平面图中一些景观需要标示出来,标示的线条要与景观的线条平行(图 9-41)。

▶ 在平面图中增加阴影有助于创造纵深感,显示正面的变化。阴影是平面图中最暗的部分,因此添加阴影时要非常小心,注意不要模糊掉图中的重要细节。虽然阴影一般使用黑色,但也常常使用灰色。采用灰色的好处是可以让细节更清晰、容易辨认、避免散乱的感觉。

▶ 画阴影最快的方法就是在你正在绘制的图下再放置一张图,让这张图稍稍靠下、靠左或靠右一点,然后使用晒图的方法来加上阴影,这样做出来的阴影将会更准确。使用光源箱时将能更便利地使用这个方法。

▶ 增加配景、细节以及其他环境因素,如汽车、树木、行人等,将会使平面图更加逼真,富有生活气息。

▶ 在描图纸或聚酯薄膜上使用红色铅笔和黑色铅笔。在晒图中,红色铅笔线条的明暗值大概是黑色铅笔的60%。因此这两种笔的结合运用即可体现平面图中微妙的色调变化。对于表现草这样的地面物尤为合适,使图纸有一种双色效果(图 9-42)。

▶ 使用圆形模板来画出植物,再加上不同的符号来区分落叶树与常青树。还有一条规定为,图中表示树木所使用的符号不得超过 3 种。图中的树木需要增加阴影,除非这样会遮盖掉平面图中重要的特征或细节部分。

▶ 在晒图之前在原稿某些地方贴描图纸块,即可得到想要的色调变化,这样添加的纸块复印出的图像色调会比单层稍深一些(图 9-43)。

▶ 当在彩色复印中使用马克笔时,可在地面、草皮和石板路等区域画出条带。所画出的条带的方向要与阴影的方向相同,以加强效果。

▶ 点画法也被用于区分水泥地面与草坪。任何物体周边的点都是打得最浓密的。可以使用低压喷枪溅射,画出令人满意的点画效果。

▶ 工程图明细表区域应当包括以下内容:项目的名称和地址、客户和设计师的名字、绘图日期、指北箭头、比例尺、标识语、图表以及图表编号。

▶ 文字说明框一般放置在图纸的右边或下方。但具体放置的位置需要参考图纸最终的阅读方式。如果有很多图纸需要装订成册,水平装订,那么说明框放置在下方会更加合适。

▶ 采用印刷体字会显得更加正式。可以在印刷体字上用手描红字体,这样可以使画面随意又不失正式(图 9-44)。

▶ 整个项目应使用相同的印刷字体。字体的大小通常应反映相应主题的重要性。项目名称的字体通常是最大的。

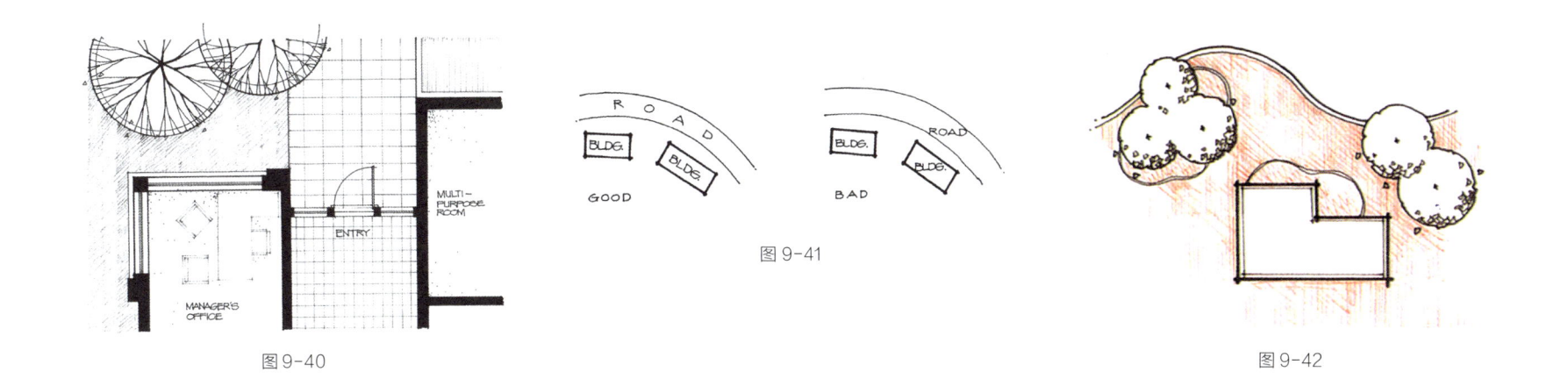

第九章 设计过程

图 9-40

图 9-41

图 9-42

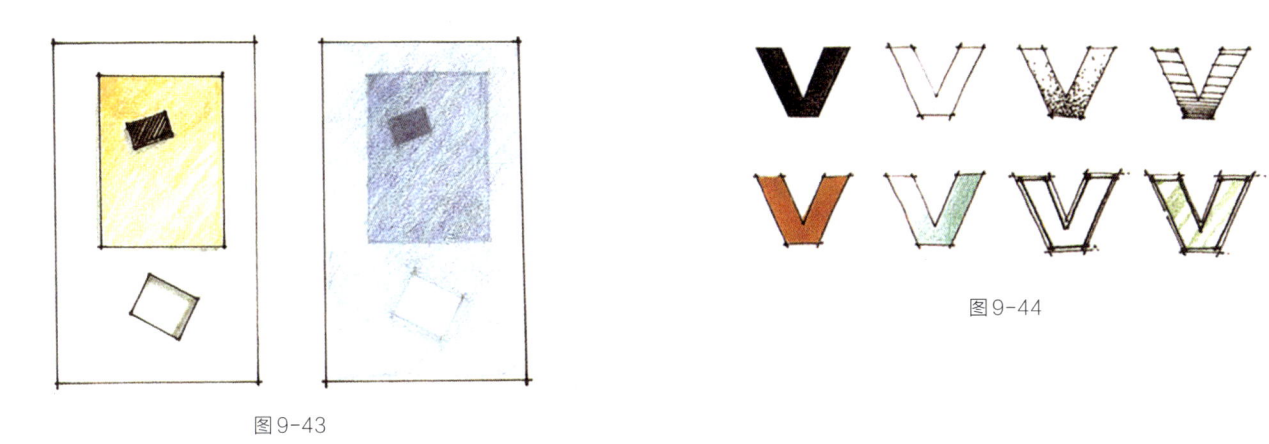

图 9-43

图 9-44

183

样例

详见图9-45~图9-48。

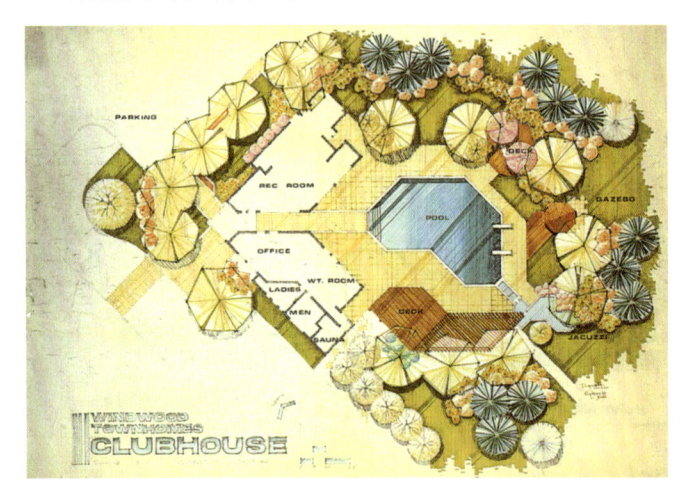

图9-45 均使用马克笔、彩色铅笔和喷枪在24英寸×36英寸（60.9厘米×91.4厘米）氮基黑色线条纸上绘制，各用时3小时。

图 9-46 均使用马克笔、彩色铅笔和毡头笔在 19 英寸 ×24 英寸（48.3 厘米 ×60.9 厘米）马克纸上绘制，用时 4 小时。

图 9-47 沙伦·古登，义奥瓦州布拉德占德建筑师有限公司，使用马克笔和彩色铅笔在 24 英寸 × 36 英寸（60.9 厘米 × 91.4 厘米）氮基黑色线晒图纸上绘制（原稿为使用笔墨在聚酯薄膜上绘制），用时 14 小时。

（二）立面图

立面图即表现一座建筑的立面，包括所有显示在立面上和背面的内容。很多立面图看起来像是学习后的一点透视图。在最后的效果图定稿中通常使用立面图。

建筑师们使用立面图来展示他们所设计的各个立面及其特征。立面图经常是根据平面图发展而来，常常用于展示整个建筑的正面、背面和侧面，以及实地场景。

技巧

▶ 立面图的尺寸比例通常与平面图一致。
▶ 比例需在立面图下方标示出来，如果垂直比例有夸大的话，也需要标示。
▶ 暗部和阴影可以体现三维立体感，在立面图中画出天空也可以使画面更生动。
▶ 使用粗线条来画地平线，将立面图中的地平线稍稍向前移，可以产生一点透视的效果。
▶ 绘制彩色立面图时，要使用合适的色调变化以构建纵深感。还可以使用花纹与点来画出纹理效果，增加画面的趣味性。
▶ 印刷体可以被用于展示标识。

样例

详见图 9-48~图 9-50。

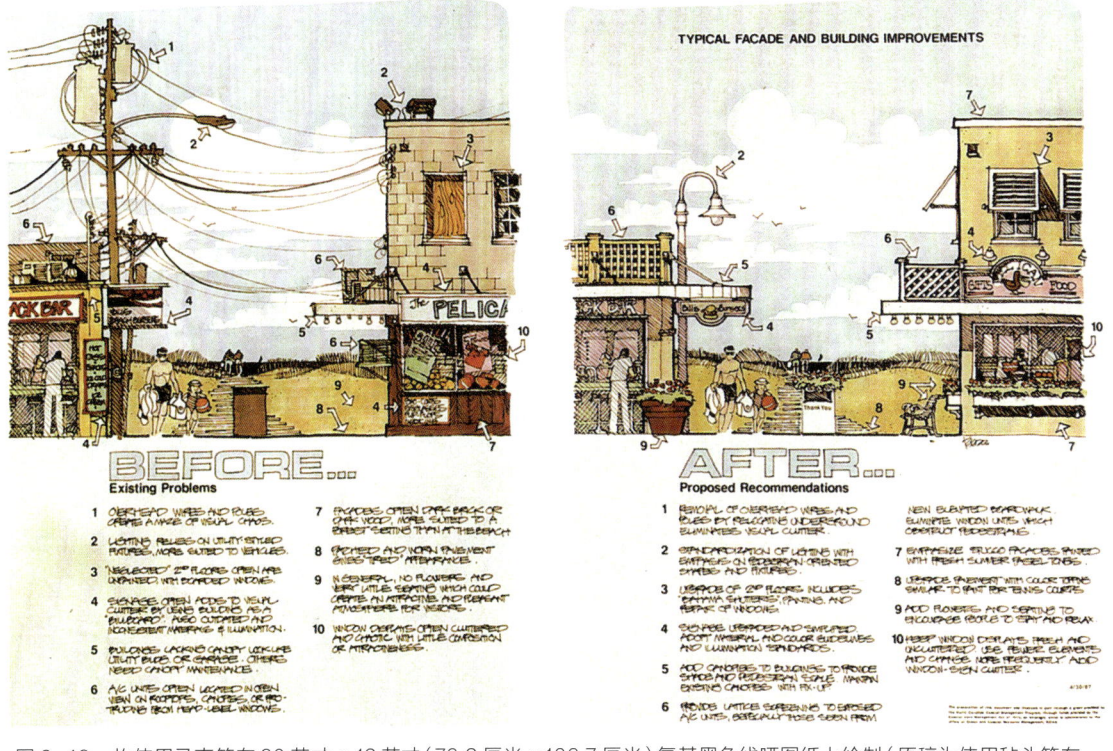

图 9-48 均使用马克笔在 30 英寸 ×42 英寸（76.2 厘米 ×106.7 厘米）氮基黑色线晒图纸上绘制（原稿为使用毡头笔在白色描图纸上绘制），用时 8 小时。

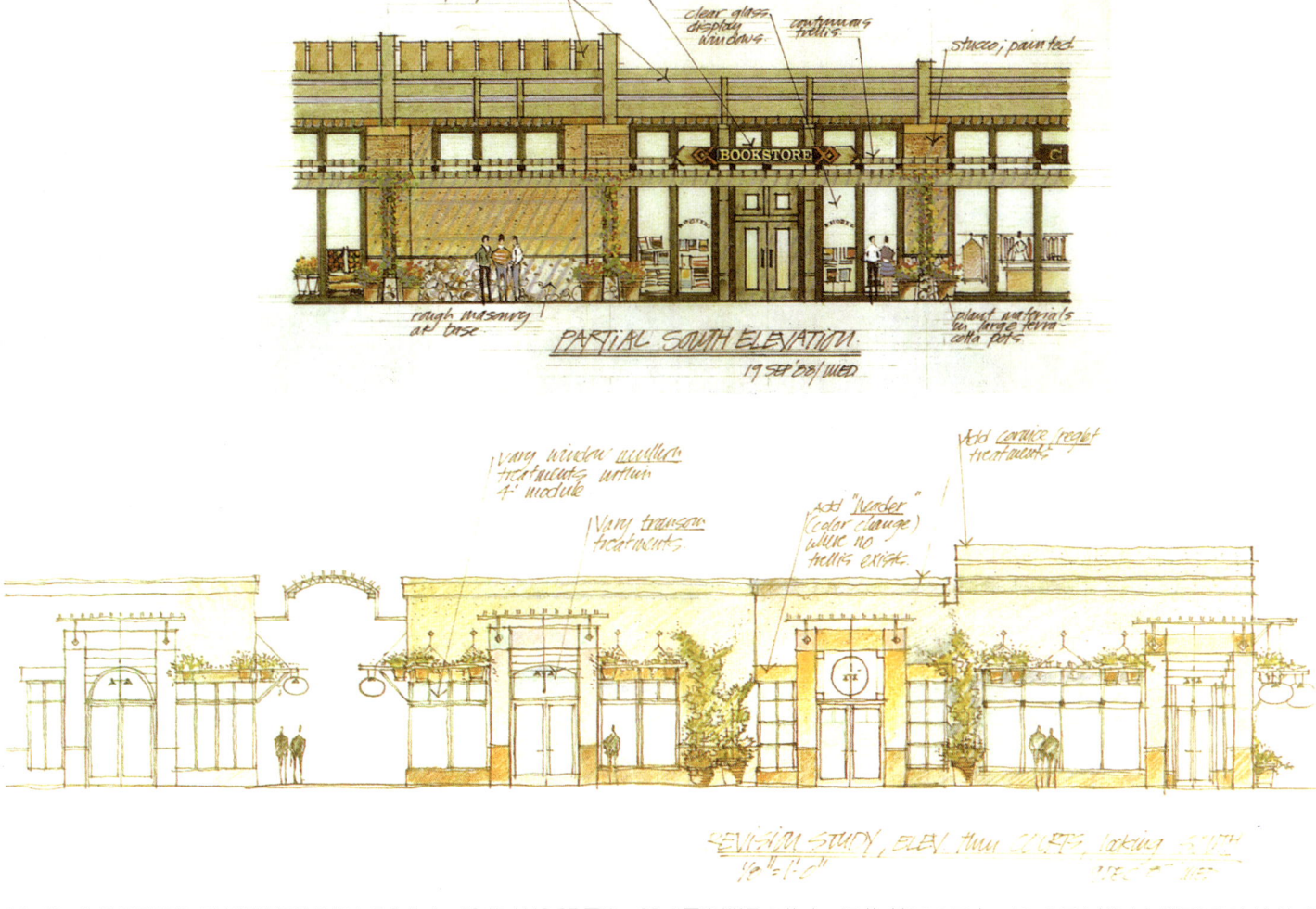

图9-49 均使用马克笔、彩色铅笔和毡头笔在5.5英寸×10英寸(13.97厘米×25.4厘米)以及8英寸×17英寸(20.3厘米×43.18厘米)的白色描图纸纸上绘制,分别用时1小时与2小时。

第九章 设计过程

图 9-50 使用马克笔和彩色铅笔在 24 英寸 ×36 英寸（60.9 厘米 ×91.4 厘米）氮基黑色线晒图纸上绘制（原稿为使用笔墨在聚酯薄膜上绘制），用时 6 小时。

（三）剖面图

剖面图用来表现平面图和立面图中水平部件与垂直部件的关系。相比于平面图，剖面图一般更加容易理解，同时也可以使设计者更便捷地展示他们的构想。

剖面图是二维的，特别适合展示垂直方向的变化，如台阶和墙面的高度变化。也可以展示那些在平面图和立面图里不容易表现的各个区域的关系。景观设计师使用剖面图来表现与建筑环境相关的地形变化，建筑师和室内设计师则发现剖面图也非常适合表现任何一座建筑内不同房间的内部关系和细节。

一般来说，剖面图和平面图的水平比例是一致的。剖面图一般有 3 种基本类型（图 9-51）。

1. 常规剖面图：

它仅显示选定的一个面的情况尤其适用于快速、随意的示意草图。

2. 立面剖面图：

它除了表现常规剖面图所表现的东西以外，还表现这个面背后的情况，经常用于显示建筑的结构。

3. 剖面透视图：

它在常规剖面图中加入了透视，增加了深度，适用于建筑设计和景观设计。

绘制技巧

▶ 选择揭示设计要点的部位需要绘制剖面图。水平比例要与平面图相同，垂直比例可以相对夸张以显示变化。这种夸张在处理比例较大的区域时尤其必要。

▶ 画剖面图时一定要经常参考平面图，以确定你所观察的方向。必要时，剖面图可以前后移动，以在一张图中显示不同深度上的截面（图 9-52）。

▶ 总是在剖面的底部画出 3D 线（图 9-53）。

样例

详见图 9-54 至图 9-56。

常规剖面图

立面剖面图

剖面透视图

图 9-51

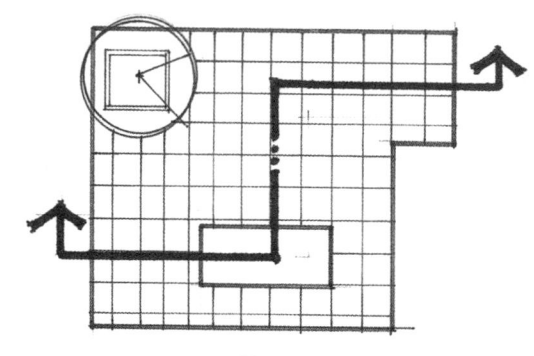

图 9-52

图 9-53

第九章 设计过程

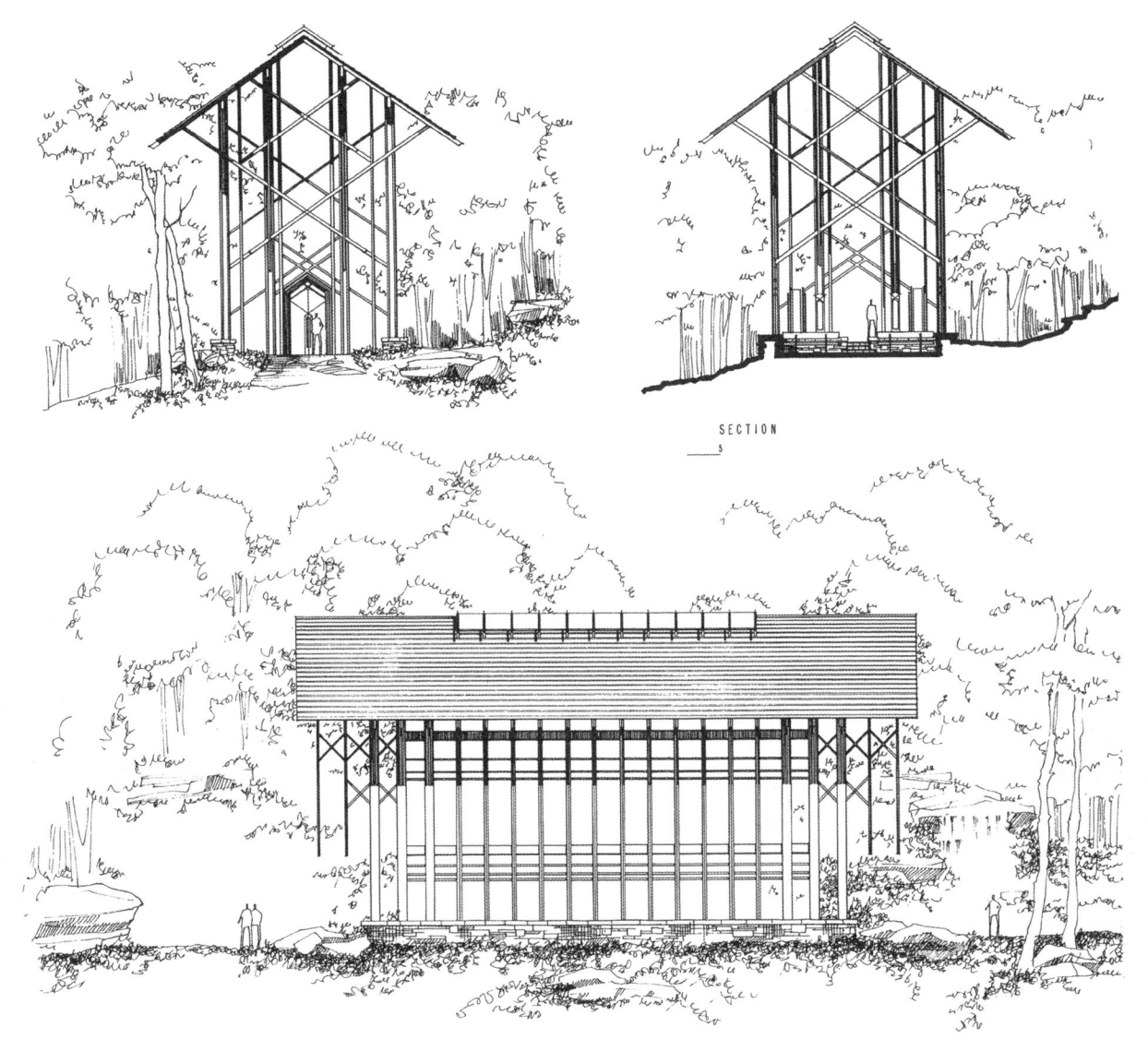

SECTION

图 9-54 使用钢笔和淡墨在 24 英寸 ×36 英寸（60.9 厘米 ×91.4 厘米）描图纸上绘制，用时 10 小时。

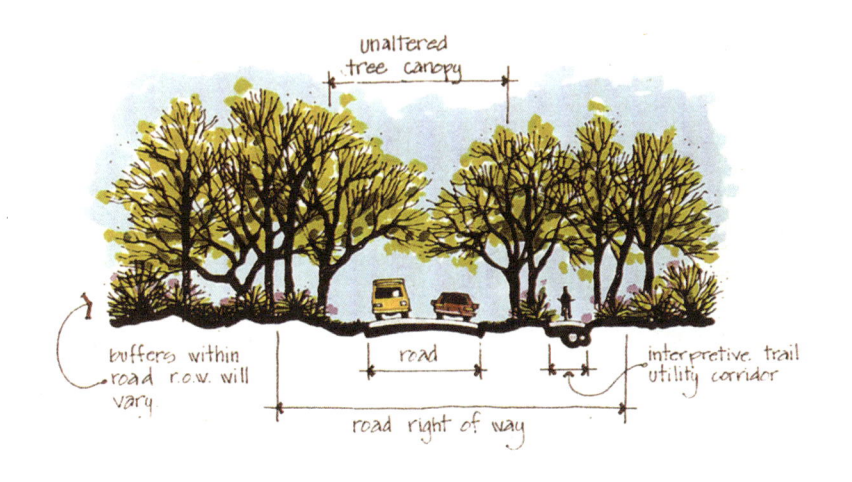

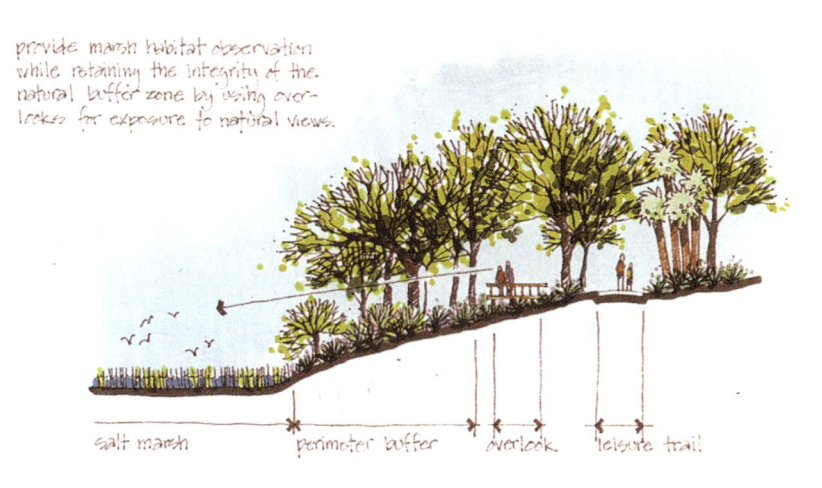

图 9-55 均使用马克笔在 8.5 英寸 ×11 英寸（21.6 厘米 ×27.9 厘米）氮基黑色线晒图纸上绘制（原稿为使用毡头笔在白色描图纸上绘制），均用时 1 小时。

图 9-56 使用马克笔、彩色铅笔、毡头笔和喷枪在 19 英寸 ×24 英寸（48.3 厘米 ×60.9 厘米）马克纸上，用时 6 小时。

（四）效果图

效果图为带有表现主义或透视色彩的绘图，用于向客户展示设计建成之后的样子。这是一种非常重要的表现方法，因为它将会向客户呈现设计出来的成品是什么样子。一个设计能否被客户接受，效果图起着关键性作用。

绘制效果图需要高超的技术，也相对费时。所以很多人害怕画效果图。

画好效果图的关键是要有自信，多练习，提高绘画技巧。你所绘制的效果图越多，就会画得越好。当进行到最后的效果图时，尽量使用高质量的纸张与笔墨。高质量的纸张与笔墨，再加上充足的时间，将有助于画出精美的效果图。

在画最后的效果图时，无须一直使用相同的工具和手法来绘制，但是好的效果图要遵循的一些基本原则是相同的。透彻地理解本书第二章中讲解的 45 个原则，将帮助你灵活地使用各种工具和技法。书中的"技法与工具图表"，也有助于你做出与自己的技巧和客户的需求相适应的选择。确定好相匹配的技法与工具后，你就可以用最合适的方式来展示自己的设计了。在完成最后效果图的过程中要有自信、有耐心。很多情况下在完成最后几笔之前，都不能确定它是一幅成功的作品，所以不要放弃才是关键。

技巧

▶ 最终的效果图应当符合客户的要求，不过尺寸较小的效果图会比较快地完成。

▶ 最后效果图的最好视角通常是视平线的高度，而如何选择角度，则需要考虑怎样才能表现出设计中最重要的部分。

▶ 一般来说，客户更喜欢彩色的效果图，不过有时黑白技法绘制的效果图更有利于后面的复制。

▶ 在绘制最终的效果图之前，一定要先得到客户对效果图视角、构图、色彩等的认可。

▶ 使用配景来使画面更加富有现实感，如树、人和车辆等。配景也可以用来避免你在某个区域绘制自己不擅长的元素。配景中一定要使用树木和地被植物。尽量用你最擅长的手法绘制。

▶ 要有花费时间和金钱来完成最终效果图的准备。

▶ 选定工具和技法之后，要用最好的纸张和笔墨。

▶ 最后效果图的绘制不要画蛇添足，限定一个时间并在时限内完成。有很多效果图就是因为过度渲染而失败。

▶ 将最终效果图装入一个好的画框中会显得它更有质量。

样例

详见图 9-57 ~图 9-60。

图 9-57 左图：使用水彩在 24 英寸 ×36 英寸(60.9 厘米 ×91.4 厘米)水彩厚纸上绘制，用时 8 小时；右图：使用水彩在 24 英寸 ×36 英寸(60.9 厘米 ×91.4 厘米)水彩厚纸上绘制，用时 6 小时。

建筑绘图与设计进阶教程

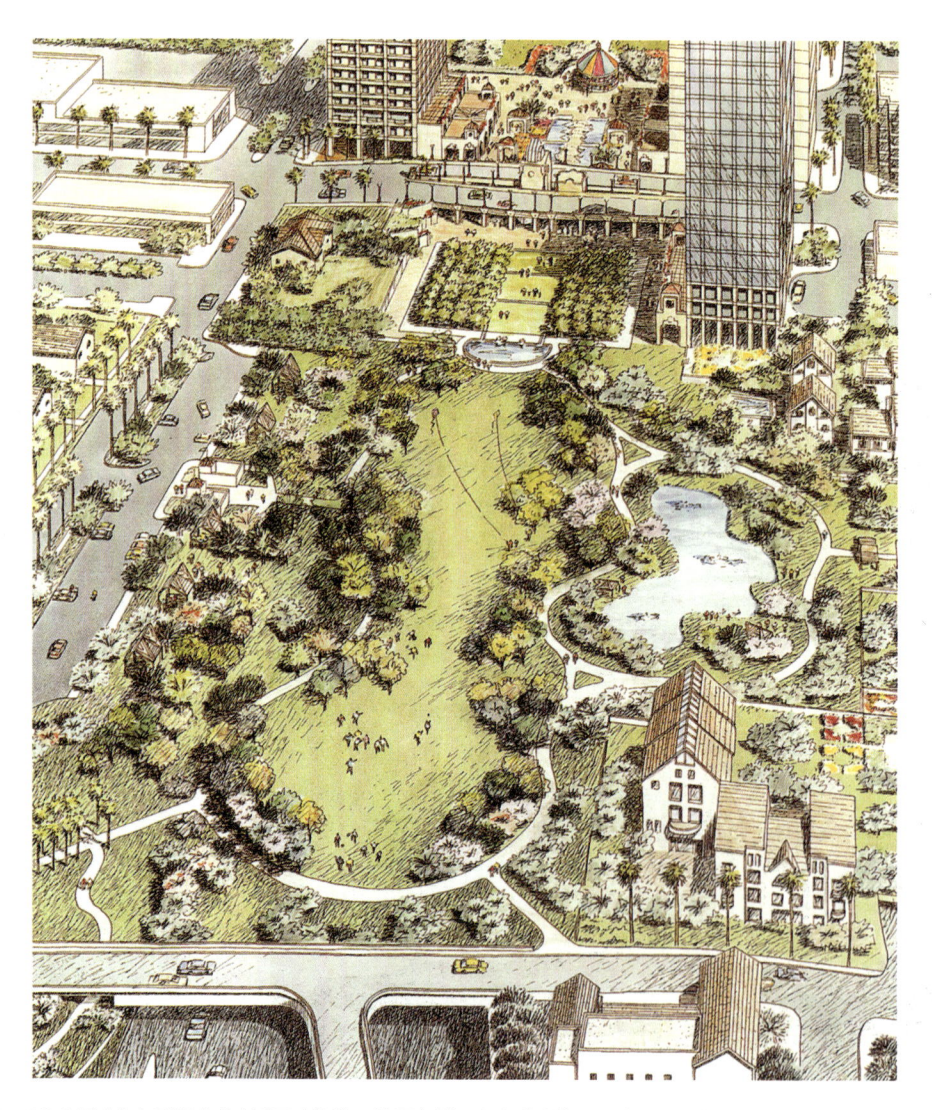

图 9-58　左图: 使用水彩在 24 英寸 ×24 英寸（60.9 厘米 ×60.9 厘米）水彩纸上绘制（原稿为使用笔墨在描图纸上绘制），用时 26 小时；右边使用水彩在 36 英寸 ×18 英寸（91.4 厘米 ×45.7 厘米）水彩纸上绘制（原稿为使用笔墨在描图纸上绘制），用时 12 小时。

图 9-59　左图: 使用马克笔和彩色铅笔在 24 英寸 ×36 英寸(60.9 厘米 ×91.4 厘米)黑线晒图纸上绘制(原稿为使用笔墨在描图纸上绘制),用时 40 小时;
右图: 使用水粉在 20 英寸 ×30 英寸(50.8 厘米 ×76.2 厘米)图解纸板上绘制,用时 10 小时。

图 9-60 左上图：使用彩色铅笔和水彩在 12 英寸 ×16 英寸（30.5 厘米 ×40.6 厘米）水彩厚纸上绘制（原稿为使用笔墨在描图纸上绘制），用时 10 小时；右上图：使用水彩在 14 英寸 ×30 英寸（35.6 厘米 ×76.2 厘米）水彩厚纸上绘制，用时 12 小时；左下图：使用水粉颜料在 11×14 英寸（27.9 厘米 ×35.6 厘米）图解纸板上绘制，用时 8 小时；右下图：使用酪素颜料在 12 英寸 ×18 英寸（30.5 厘米 ×45.7 厘米）水彩厚纸上绘制，用时 10 小时。

模型

模型是用三维表现设计概念和想法。客户可以围绕模型从不同的角度观看。绝大多数人都喜欢模型。

模型一般分为两种：研究用的工作模型和最后展示给客户看的展示模型。工作模型是设计前期阶段用比较粗糙的材料制作的，设计师使用工作模型来展开设计工作，三维立体地把握整个设计。展示模型则更加精美，它的制作需要技艺、时间和高质量的材料，且与现实的效果非常接近。

技巧

▶ 制作过程中需要不断换新的刀片，以使用锋利的刀刃进行准确的切割。使用直尺来保证笔直的切割。

▶ 用聚乙烯薄膜垫在需要切割的材料下面，以保证切割边缘的平滑（这样做也能保护刀刃）。

▶ 使用皱纹纸或者泡沫板来做外形，用大头针来固定它们。

▶ 充分利用电脑来做所作建筑的正面、侧面等，然后将图贴在模型上，这样会有较为逼真的视觉效果。

▶ 拍摄模型时，如果是室内，使用蓝色的背景材料作为天空，如果是室外，把模型放在蓝天下拍，这样会有比较好的效果。

▶ 考虑制作一个可拆卸的屋顶——包括室内部分，这样整个模型会比较容易搬运。

▶ 模型建好后，购买一些树木、人物、车和家具等模型，作为配景和细节放在模型里，这样会显得更加逼真。

▶ 在模型周围增加一些附属建筑——它们就在那个地方，但不作为你设计的一部分。这些附属建筑可以是一些做工比较粗糙的示意性模块，只在那些与你的设计关系较大的建筑上增添细节。

▶ 直接在平面图的基础上制作模型，这样可以省去了等高线，同时仍然可以保留真实的地形环境。

样例

详见图 9-61。

图 9-61 上二图：20 英寸 ×20 英寸（50.8 厘米 ×50.8 厘米），20×30 英寸（50.8 厘米 ×76.2 厘米），均用时 4 小时，左下图：24 英寸 ×36 英寸（60.9 厘米 ×91.4 厘米），用时 10 小时，右下图：36 英寸 ×36 英寸（91.4 厘米 ×91.4 厘米），用时 10 小时。

七、案例分析

这个案例是密苏里州堪萨斯市一处公共庭院的重新设计。它的尺寸为 160 英尺（18 米）长，120 英尺（6 米）宽。南边面对主要街道，其他三面由四层高的历史性办公建筑围绕。建筑北侧的底层有一个意大利餐厅，西侧的底层有一个商店。通过与开发商的交谈，对项目现场进行了分析和了解，并仔细研究了当地的规章制度与环境保护协议，设计师最后从中提出了几个重要的特征，在此基础上展开了设计项目。

▶ 购物中心——商店

▶ 公共区域——人群

▶ 半私密空间——宁静

▶ 私密空间——安静

▶ 停车场、人行道

▶ 主要交通

▶ 次要交通

▶ 休息——长凳、花园、草坪、喷泉水池边缘

▶ 饮食——咖啡厅、自动贩卖机

▶ 娱乐——马戏团、乐队等

▶ 焦点——水景、雕塑

▶ 色彩——开花植物、标语、旗帜、遮阳篷

▶ 高度变化——楼梯、斜坡、舞台

▶ 肌理效果——块石路面、砖、植物、鹅卵石、划线标志

▶ 观看这座建筑，从建筑向外看

▶ 安全——灯光、门

▶ 历史特征——细节

在制定这个设计项目后，设计师观察不同空间之间的关系，这些空间将在后面的气泡图中表示出来。

公共空间：主要的交通空间、吸引人们的焦点、与建筑的联结处、停车场、自动售货机。

半私人空间：水、与公共空间的联结处、植物、桌椅。

私人空间：隐蔽处、长椅。

进食：咖啡厅、餐厅。

购物：商店。

停车：停车场、人行道。

从气泡图到渲染图

当找到项目之间的联系后，设计师研究两个气泡图，并将其优点和缺陷分析出来。在此基础上，设计者画出了学习后的气泡图，显示出空间最理想的关系（图 9-62）。利用实地元素的清单，针对如景观、交通、气候、地形、植物和设施等进行场地分析（图 9-63）。结合气泡图和场地分析，设计者即可绘制出一个设计概念图，并增加了关键部分草图，写出了概念阐述。当分析了整个项目的背景，并从开发商处获得反馈信息后，设计师选择了直线式设计方案（图 9-64）。最后，设计师画出剖面图、立面图、透视图，这个庭院的设计就完成了。

+ 便于进入购物中心

+ 私密空间远离主街

- 通过私密空间进入餐厅

- 公共区域与停车场和人行道不连通

- 主要交通要经过半私密空间

+ 便于进入购物中心

+ 私密空间远离主街

+ 通过半私密空间进入餐厅

+ 公共区域与停车场和人行道连通

+ 主要交通要经过公共空间

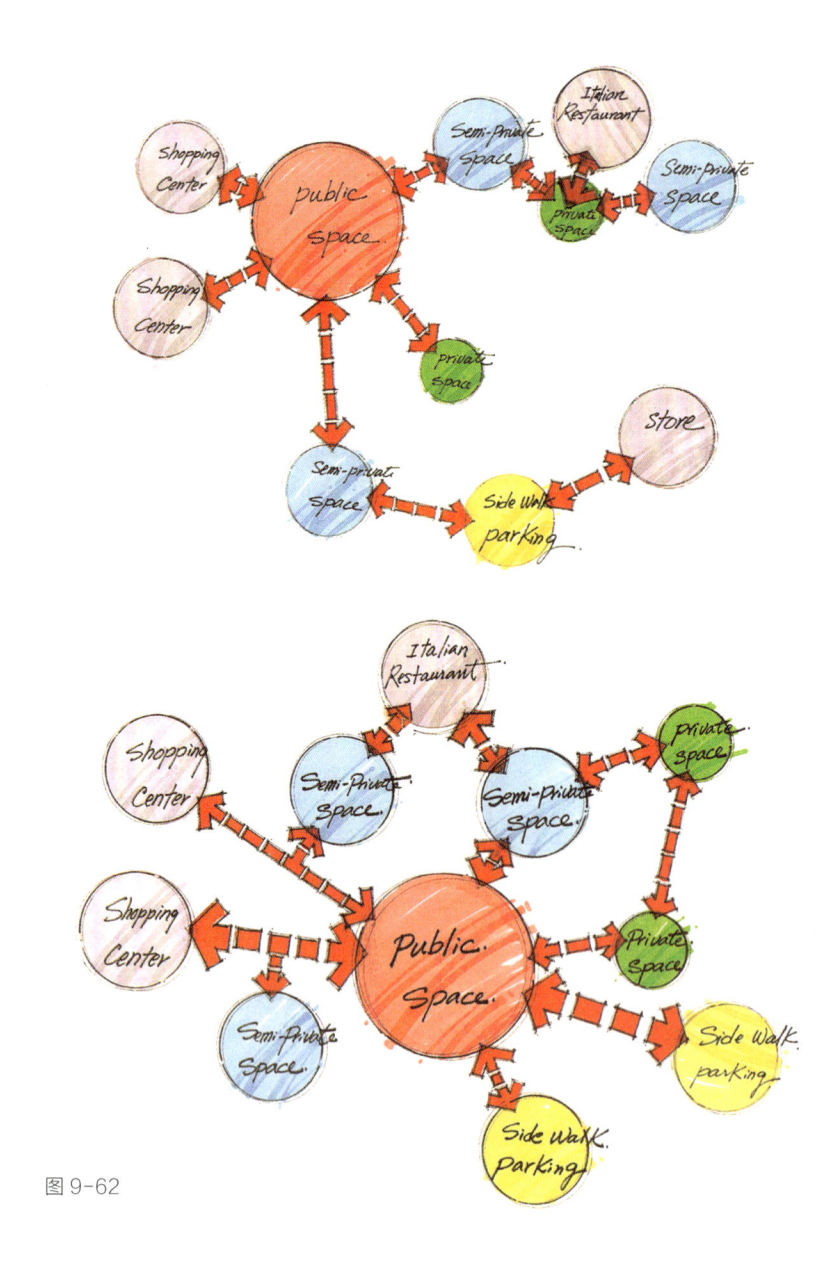

图 9-62

第九章 设计过程

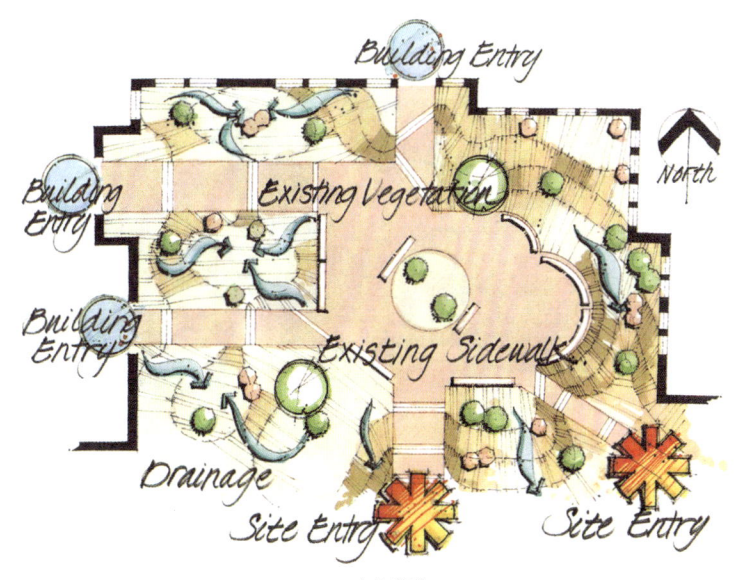

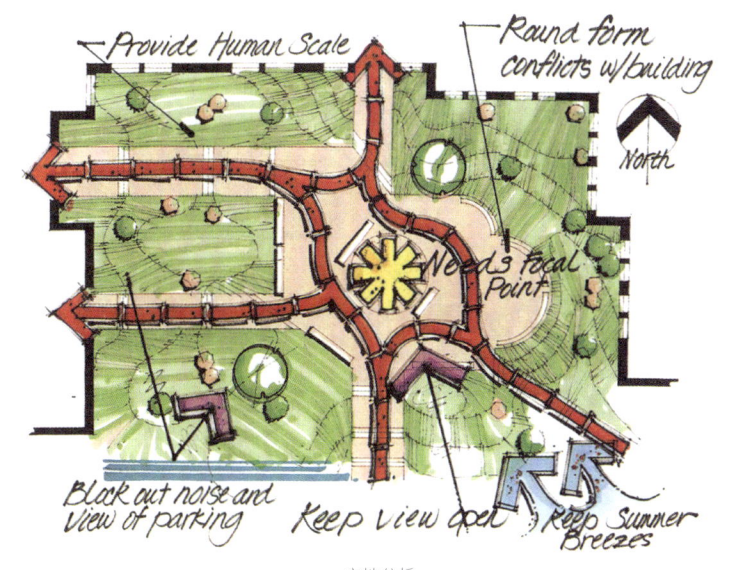

实地考察

实地分析

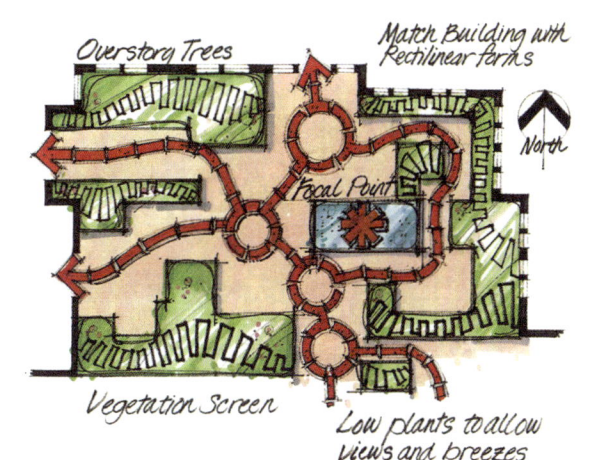

图 9-63

概念图

设计概念阐述：
1. 建立一个集：工作、购物和进餐为一体的令人愉悦的场所。
2. 对所有底层消费商店保持可见度。
3. 保留历史特征。
4. 通过层级变化来区分不同的空间，增加趣味。
5. 为卖家和室外娱乐设施提供宽敞的空间。
6. 营造视觉焦点吸引人们进入这个区域。
7. 使用植物来联结、分隔不同空间。
8. 提供上层植被来形成宜人环境。
9. 创造一个令参观者记忆深刻的场所。

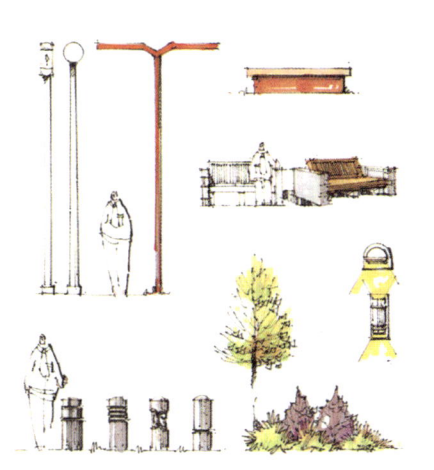

角色素描

203

场地平面图

草图

剖面图

透视图

图9-64

附录 A：一些节约时间的技巧

不论是学生还是专业人员，在绘图和设计上投入时间和金钱都是值得的。使用下面这些技巧，便可提高效果图的质量，节省宝贵的时间。

▶ 在构建透视时，在消失点上按一个图钉，在画指向消失点的线条时可以使丁字尺可以摆动。

▶ 将吸墨粉撒在聚酯薄膜和描图纸一类的蜡质纸面上，可以使墨更好地附着在纸面上。

▶ 用一个缩小镜片（可以在眼镜店购买）放在草图上可以看到缩小的草图，以便于观察整体的色调；使用放大镜也可以绘制更具体的细节。

▶ 现在有许多复印机可以扩大或缩小图纸，把图纸拍照下来，也可以进行扩大或缩小。

▶ 画草图时，可以用投影仪映像来描摹，可以用投影仪晒图，也可以使用透视图表。可以用这些简易的方法代替常规、复杂的方法。

▶ 如果没有光源箱，可以利用窗户描图，在窗户的另一侧放置一盏灯即可。

▶ 画户外透视图的一个简便方法就是在汽车窗户上贴一张透明薄膜。绘制时闭上一只眼，可以避免扭曲。

▶ 绘制户外透视图时，大概描上人形、家具和汽车、模拟植物和其他环境元素即可。

▶ 较大的字母既可以从资料上描摹，也可以节省书写文字说明框中标题的时间。

▶ 在有必要的地方使用模板来绘制圆、椭圆和其他形状。

▶ 用手绘制直线或者可以利用某个物体的直边，比如是一本书的边，来辅助绘画；把手指放在这个物体的边上顺着滑动，即可绘制出一条平行的直线。

▶ 画线条时，在线条开始处挡一张废纸，先在废纸上开始画线；线条结束时用三角板挡住，这样线的两端都会很齐。

▶ 利用牙刷可以做出圆点效果：牙刷沾上湿颜料，再用手指拨动牙刷毛，即可溅出色点。

▶ 画草、地面或地毯等肌理时，可以使用透明胶带将两个三角板粘在一起，中间留出缝隙，其宽度由你自己决定，在缝隙里绘制。

▶ 在描图纸或聚酯薄膜的四个边上贴上胶带，即可形成整齐的边缘，也可以在说明文字框处粘贴胶带，留出空白的位置。不要用马克笔绘制边缘，因为马克笔会渗出，时间长了颜色还会泛黄。

▶ 如果有不想要的笔画，可以使用透明胶带粘掉，这样不怎么损坏纸张。

▶ 只用氮基晒图纸时，如果想做出不同的色调，可在晒图前对绘制原稿的描图纸、赛皮尔纸或聚酯薄膜，进行加一层纸或刮去一层纸的处理。

▶ 想要两张纸完美地连接起来。可把这两张纸重叠后一刀切开，再将其对齐，在背面用透明胶带粘贴起来。

▶ 说明文字框可以用醋硫酸纸、聚酯薄膜或单独的赛皮尔纸做一些副本，供一套多张图纸使用，也可以节约时间。

▶ 使用粘贴或绘图白墨水等方法来涂抹覆盖图纸上的错误，而无须全部重画。

▶ 在没有卷尺的情况下，使用你身体各个部位的尺寸（如手、身高、步宽等）来作为参考，测量实地的各种尺寸。

▶ 创建文件夹保存效果图资料，收集人物、汽车、树木等资料，作为绘画与设计的参考。

附录 B：制作模型的材料

纸张类型
醋硫酸纸和磨砂醋硫酸纸
胶纸
铜版纸
卡纸
木炭画纸
彩色草图纸
彩色羊皮纸
彩色美术纸
草图纸
重氮打印纸
复写纸
工程设计纸
毛毡纸
石墨纸
羟脯氨酸纸
马克纸
衬垫纸
燕麦纸
粉彩纸
相纸
广告纸
打印标记纸
速写纸
素描纸及垫子
丝绒纸
废弃及黄页纸
水彩纸
复印纸

纸板类型
班布里奇 172 板
硬纸板
刨花板
泡沫板
插图板
垫板
海报板
水彩板

适用于铅笔渲染的纸张
光泽纸板（草图纸完成）
铜版纸
班布里奇 172 号插画板
打印纸
速写本
适用于所有技法的速写本
速写纸和速写本
复印纸
适用于彩色蜡笔的纸张
木炭画纸
细齿水彩纸
黄色描图纸

适用于墨水渲染的纸张
铜版纸
光泽纸板（板饰）
誊写纸
磨砂硫酸纸

布局键
打印纸
速写本
草图纸或聚酯薄膜

适合马克渲染的纸张
废弃的纸张
工艺板或纸板
重氮打印纸
印巴纸
插画板
638 号马克纸
绘图马克纸
国家标准马克纸
适用于水彩渲染的纸张
维切纸
水彩板
水彩纸

适用于蛋彩渲染的纸张
新月垫板
新月 100 插图板
水彩板

适用于空气喷枪渲染的纸张
光泽纸板（板饰）
插画板
布局键

参考文献

ENTOURAGE

Burden, Ernest. *Entourage: A Tracing File for Architecture and Interior Design Drawing*. New York: McGraw-Hill, 1981.

Evans, Larry. *Illustration Guide*. New York: Van Nostrand Reinhold, 1982.

PLAN, SECTION, ELEVATION

Walker, Theodore D. *Plan Graphics*. New York: Van Nostrand Reinhold, 1988.

Wang, Thomas C. *Plan and Section Drawing*. New York: Van Nostrand Reinhold, 1979.

RENDERINGTECHNIQUES

Atkins, William. *Architectural Presentation Techniques*. New York: Van Nostrand Reinhold, 1976.

Calle, Paul. *The Pencil*. New York: Watson-Guptill, 1974.

Doyle, Michael E. *Color Drawing: A Marker-Colored-Pencil Approach*. New York: Van Nostrand Reinhold, 1981.

Drpic, Ivo D. *Architectural Delineation: Professional Shortcuts*. New York: Van Nostrand Reinhold, 1988.

Dudley, Levitt. *Architectural Illzistration*. New York: McGraw-Hill, 1977.

Edwards, Betty. *Drawing on the Right Side of the Brain*, 2d ed. Los Angeles: Tarcher, 1989.

Haise, Albert O. *Architectural Rendering: The Technique of Contemporary Presentation*, 2d ed. New York: McGraw-Hill, 1972.

Kautzky, Ted. *The Ted Kautzky Pencil Book*. New York: Van Nostrand Reinhold, 1979.

Kautzky, Ted. *Ways with Watercolor*, 2d ed. New York: Van Nostrand Reinhold, 1963.

Leach, Sid Delmar. *Techniques of Interior Design Rendering and Presentation*. New York: McGraw-Hill, 1978.

Linton, Harold and Roy Strickfaden. *Architectural Sketching in Markers*. New York: Van Nostrand Reinhold, 1991.

Oles, Steve. *Architectural Illustration*. New York: Van Nostrand Reinhold, 1979.

Oliver, Robert. *The Complete Sketches*. New York: Van Nostrand Reinhold, 1989.

Reid, Grant. *Landscape Graphics*. New York: Whitney, 1987.

Wang, Thomas C. *Pencil Sketching*. New York: Van Nostrand Reinhold, 1977.

Wang, Thomas C. *Sketching with Markers*. New York: Van Nostrand Reinhold, 1981.

RENDERING EXAMPLES

Burden, Ernest. *Architectural Delineation*. New York: McGraw-Hill, 1982.

Jacoby, Helmut. *New Architectural Drawings*. New York: Praeger, 1969.

Kemper, Alfred M. *Presentation Drawings by American Architects*. New York: John Wiley & Sons, 1977.

Lin, Mike. *Architectural Rendering Techniques: A Color Reference*. New York: Van Nostrand Reinhold, 1985.

Walker, Theodore D. *Perspective Sketches*, 5th ed. New York: Van Nostrand Reinhold, 1989.

DESIGN

Baker, Geoffrey. *Design Strategies in Architecture, An Approach to the Analysis of Form*. New York: Van Nostrand Reinhold (International), 1989.

Clark, Roger and Michael Pause. *Precedents in Architecture*. New York: Van Nostrand Reinhold, 1985.

Friedmann, Arnold, John Pile and Forrest Wilson. *Interior Design, AnIntroduction to Architectural Interiors*, 3d ed., New York: Elsevier, 1982.

Molnar, Donald J. et al. *Anatomy of a Park*, 2d ed., New York: McGraw Hill, 1986.

Simonds, John O. *Landscape Architecture: A Manual of Site Planning and Design*. New York: McGraw-Hill, 1983. rev. ed.